脱原発で住みたいまちをつくる宣言

首長篇

影書房

まえがき

二〇一一年三月一二日、福島第一原発が爆発し、白煙が空に向かって吹きあがるのを見たとき、取り返しのつかないことになってしまったことを強く悔いました。

「ここから飛び散った放射能によって、人や田畑、海や山や動植物たちの自然環境はどうなってしまうのだろうか」

「故郷や家、仕事、学校、将来の計画も手放して、とりもなおさず避難せざるをえなかった人たちの人生は、今後どうなるのだろうか」

消費地・東京で生活しながら、原発立地の人たちと自然環境の犠牲を目の当たりにして、電気は必要不可欠なものとはいえ、これまでの暮らし、政治への意識や民主主義のあり方を変えなくては、と強く思いました。

本書は、これからのまちづくりは〈脱原発で〉と態度表明した市町村の首長さんたちによる、いわば〈まちづくりマニフェスト〉です。

日本政府は、外国への日本製原発の売り込みにも力を注ぎ、長らく停滞する日本経済の回復のためにも「原子力発電は必要」という姿勢です。

原発立地自治体からも、地域経済や雇用確保の面から、停止中の原発の再稼働を願う声が上がっています。

「あれだけのことがあったのに、それでも原発を止められないのは、なぜなのか」

「地域の〈活性化〉がうたわれて、豊かな自然のあふれる地方に原発はつくられていったけれども、原発によって立地地域はほんとうに豊かになったのだろうか」

「原発がなければ、日本は豊かになれないのだろうか」


一九六七年に日本で原子力発電が開始してから五〇年近く。日本各地で原発や使用済み核燃料をめぐって議論が重ねられてきました。それは社会全体の議論とはなり得ないまま「3・11」を迎えてしまいましたが、いまようやくにして原発賛否の議論は、地域の経済や雇用、教育や福祉、行財政システムのありかたを問い、地方自治や住民参加など、地域の民主主義の形をも問いつつ、深められてきています。

「原発、どうしたら止められるのか……」

答えを得ようと、さまざまなかたちで脱原発にむけて取り組んでこられた首長（現職、前・元職）の方々から原稿を頂戴しました。井戸川克隆氏、村上達也氏、桜井勝延氏、根本良一氏、笹口孝明氏、保坂展人氏、澤山保太郎氏には、インタビューをもとに原稿をまとめていただき、上原公子氏、西原茂樹氏、三上元氏、曽我逸郎氏には、原稿をお寄せいただきました。とくに「脱原発をめざす首長会議」世話人の三上元氏には、懇切なご助言をいただきました。ご多忙な中、貴重なお時間を割いてご執筆いただいた皆様に感謝いたします。

各地域の事情を背景にした多様な経験に触れるにつけ、いずれにせよ、自分たちで知り考え、議論し、決めなければ何も始まらない、との思いをますます強くします。

本書が、ときにはつらくきびしい各地域の経験や議論をつなぎ、原発と暮らしと社会のありかたについて考える際の糧となってくれることを願っています。なお、本文中の脚注は編集部が作成しました。

影書房編集部

二〇一三年六月二五日

◆脱原発で住みたいまちをつくる宣言　首長篇◆目次

まえがき　3

原発事故の町は被曝責任を問い続ける
井戸川克隆（福島県双葉町・前町長）　9

この国は原発をもつ資格はない
村上　達也（茨城県東海村・村長）　33

私たちの経験からは「脱原発」以外ありえません
桜井　勝延（福島県南相馬市・市長）　57

原発マネーより、まずは行財政改革を
――「合併しない宣言」の町からの提言
根本　良一（福島県矢祭町・前町長）　81

住民投票で示した「原発いらない」の意思
笹口　孝明（新潟県巻町・元町長）　91

エネルギー効率化と電力自由化で脱原発は可能だ　保坂　展人（東京都世田谷区・区長）　115
自治の力で分散型エネルギー社会の実現を　上原　公子（東京都国立市・元市長）　135
浜岡原発停止から二年を経過した牧之原市の選択　西原　茂樹（静岡県牧之原市・市長）　149
どう計算しても原発は高い！　三上　元（静岡県湖西市・市長）　169
地域での暮らしを問い直し、自分なりの楽しみを創り出そう　曽我　逸郎（長野県中川村・村長）　189
核のゴミ捨て場を拒否して、福祉・教育のまちへ　澤山保太郎（高知県東洋町・前町長）　199

井戸川克隆

福島県双葉町・前町長

原発事故の町は
被曝責任を問い続ける

■福島県双葉郡双葉町：人口6, 936人（2013年4月）
※福島県内への避難者数：3, 755人
福島県外への避難者数：3, 181人
（うち旧埼玉県立騎西高校への避難者数：127人）
所在不明、海外：17人

〈プロフィール〉
いどがわ・かつたか

1946年生まれ。福島県双葉郡双葉町出身。
福島県立小高工業高等学校卒業。
2005年12月～2013年２月、福島県双葉町町長（１期と３年２カ月）。
全国原子力発電所所在市町村協議会副会長、
双葉地方町村会副会長、
双葉地方広域市町村圏組合副管理者等を歴任。

著書
『原発を止める55の方法』（宝島社）他。

◆原発事故は起きた

三月一一日の地震発生当時、私は町外に出ていました。車に乗っていましたが、ハンドルにつかまりながら、必死の思いで早く終わってくれと祈っていました。通常通っている国道が混み始めたので、裏道を通り、役場に戻ったのは地震発生から二〇分くらい経ってからです。

災害対策本部を立ち上げ、避難者への対応をして、避難所をまわって、役場に再度戻ってきたのは夜中の一二時すぎでした。途中で県から二キロ圏、国から三キロ圏の避難指示がありました。

翌一二日、政府から避難指示がありました。双葉町は川俣町へ避難するようにと誰かに言われたような気がしたので、朝、川俣町の町長さんに電話を入れて了解をとって、防災無線を使って町民に避難を呼びかけました。

大熊町にはバスが来ていたそうですが、双葉町にはそういった情報も手配もなかったので、各々が自家用車を使ってでもなんでもいいから避難してほしいとお願いしました。県警からも役場に一人付けてもらいました。外には自衛隊もいました。

この日、三月一二日は、夏型の陽気でした。夏型の陽気のときは、町を風が一周します。正午から三時までは、南東から風が吹いてきます。まさにSPEEDI（緊急時迅速放射能影響予測ネットワークシステム）のあの予測図のとおりです。窓際に置いていた放射能測定器の値が、お昼前に跳ね上がりました。その頃、福島第一原発ではベントをしていたのでしょう。しかし、ベントで放射能が空中に放出されることについての情報は、私たちには何もありませんでした。

おおよその町民が町から避難したあと、最後に双葉厚生病院と社会福祉協議会と老人施設に町民が残っていました。私も役場をあとにしてそちらの施設に移動し、避難誘導にあたりました。その最中に福島第一原発の一号機が爆発しました。「間に合わなかった」という絶望感が募りました。

まもなく空からチリが降ってきました。建物の断熱材です。普段降らないものが、ふわーっと音もなく落ちてくるわけですから異様なものです。この光景は目に焼き付いています。このとき私たちはタイベックス（防護服）を着ていましたが、マスクはほかの職員がつけて先に町民と避難してしまっていたので、私たちには残っていませんでした。

爆発があって空からチリが落ちてきた時には、建物の中にいったん町民を戻しました。そのとき放射能測定器の針は振り切れていました。ある程度、チリが落ちきってから避難を再開し、町民を乗せたバスは、渋滞のなか風下の方向に向かってしまいました。

一二日の夜は、三千何百人かの双葉町民が川俣町にお世話になりました。川俣町長さんの指示であの寒いなか、電気も水道も使えるようにしてくれました。ありがたかったです。

一三日から一九日までは川俣町でこれまで考えたことのない避難生活を送りました。寒いし、町民に食べ物がちゃんと行き渡らないとかいろんな問題で、職員もほとんど毎晩徹夜でした。あとはテレビに釘付けで、これ以上原発が悪くなったらどうしようと夜も眠れませんでした。住民対応、疲れている職員、外部との折衝……、この先どうなるんだろうという思いでいました。

国からは三月一二日に避難指示が出されたきりで、どこにどうやって避難するようにといった具体的なことは何もありません。双葉町の役場にいるときまではオフサイトセンターや県からの指示もいくらかは来ていましたが。通信回線が満足につながらない状態で、携帯も使えませんから、伝えたくてもできなかったでしょうし、県としてもパニックだったと思います。

三号機が爆発したとき、川俣町でも放射能測定器を窓際に置いていたのですが、やはり針が振り切れました。それで、もっと遠くに逃げなくては、と考えました。

県の災害対策本部は大変混乱していました。情報は遅いし、何を相談しても返事は返ってこない。そういう状態で、原発はどんどん悪化する。政府の何キロ圏内避難指示も信頼できなくなってきた。もう自分でやるしかないな、と私は覚悟を決めました。避難は長期になるだろうし、町民がまとまってとどまれるところということで、つてをたどって最終的に埼玉県にお世話になりました。

政府はあとから情報が間違っていた、というかもしれません。しかし、そのとき爆心地の近くに住民を置いたままでは、放射能に攻められて住民が巻き込まれて、町は全滅してしまいます。なので、町民は現場から遠くへ離すことにしました。離れていれば、たとえ放射能に攻められても、逃げる距離と時間を確保できます。とにかく距離さえとっておけば、この距離は時間であり余裕です。だから一気に離れようと、とにかく遠くへ町民を避難させました。双葉町民七千人のうち一四〇〇人がこのとき埼玉県へ移りましたが、ほかは全国に散り散りになってしまいました。

◆自己責任の避難生活

避難指示が出された以外は、国から具体的なことは何もないので、町長として私が自分で考えてやってござるをえませんでした。避難指示を出したのは国です。したがって、私たちの避難生活に対して最後まで責任もってつきあってもらいたいのですが、実際には、被害者である私たちの自己責任で避難生活は続いています。

私たちは原発事故によって避難しているのに、宮城・三陸の地震や津波被害の避難者と同じ「災害救助法」のもとに、ただ放置されて、自前でその日暮しをさせられています。いかなる約束のもとにそうされているのか、何度も国にたずねましたが、国からの回答はありません。

仮設住宅にいても避難所にいても、政府の災害対策本部が様子を見に来たり、御用聞きをして対応するということもまったくありません。家族分離、狭い住まいでの緊張、孤独、金銭欠乏、持病の悪化、不登校などが増えています。

国は被害者の救済ではなく、加害者のほうを向いて政策を進めています。原発事故の直接の責任者である東京電力が、わたしたちの避難待遇の一切を担うべきだと私は考えます。

「事故は起きない」という東電、原子力安全・保安院の話を私も疑ってはいませんでした。東電と国は大きな組織だから、事故が起きたら何とかしてくれるだろう、という甘さがありました。

この事故がもたらした教訓は、政府を当てにしてはいけない、自分で自分の命をつなぐしかない、ということです。原発事故の被害者に対して政府・霞ヶ関はとても冷たいと思います。憲法は基本的人権を保障していますが、どれひとつ感じることはできません。

◆放射能があるからこそ避難

この事故はいまの政府が裁いていいものでしょうか。私は、被告席にいるべき人間が事故の裁きをしていると思っています。あれほど事故は起こさないと言い、定期検査をして、運転を許可して、その上で起きた事故なのに、彼らは何も反省しないまま、被害者を牛耳って事故の処理をしています。今すぐ第三者機関を立ち上げてほしいと思います。原発事故の当事者、東電や経済産業省とは別のところで原子力災害対策本部★1を立ち上げてほしいのです。そうでないと、この事故の被害者たちは日本社会から葬り去られてしまいます。

原発事故以前、私たちは放射能があったとしても〇・〇いくつマイクロシーベルトといった環境の中で暮らしてきました。「事故は起きません」と東電と原子力安全・保安院は私の前で何回も言ってきました。しかし、原発事故は起きました。実際に放射能の中で暮らさない人に、年間二〇ミリシーベルトまで浴びても大丈夫、と言われても信用できません。

放射能の世界に住まわせられること自体が被害です。いま、こうして放射能から逃れて避難していること自体が被害です。何年後に発症するからとか、何ミリシーベルト以下だからいい、といった話でもありません。被害を受けたと感じた時点で、被害の究明がはじまります。

私たちの先輩は原子力発電所を誘致するときに、放射能を出されること、避難生活を強いられること、双葉町に住めなくなることなどは容認していませんでした。「放射能を出しますが、発症しない限り賠償しません」とはどこにも書いていませんし、原子力

★1）「原子力災害対策本部」：原子力災害特措法によって内閣府に設置するものとされているが、実務を担う事務局は経産省原子力安全・保安院に置かれていた。現在は原子力規制庁の発足（2012年9月）にともない、規制庁内に事務局も移されている。

安全協定でそういった約束もしていません。そもそも、原子力安全協定には放射能被害に関する条項がありません。

放射能があるからこそ、避難しているのです。もう放射能の危険はないから戻りなさいというなら、そう言う人が、そこで暮らしても安全であることを立証するべきです。

◆立証されていない「安全」基準

実際に事故が起きてから、「防災指針（原子力施設等の防災対策について）」★2を読んでみると、飲食物から放射性物質を取り込む基準値がとても高く設定されていたことに気づきました。このことからしても私たちは甘かったと言えます。非常に反省しなければならないと思っています。

二〇一二年四月からの新しい基準値では、食品からの被曝線量を年間五ミリシーベルトから一ミリシーベルトへ引き下げて、キログラムあたりの放射性セシウムの基準値は、一般食品：一〇〇ベクレル、牛乳：五〇ベクレル、水：一〇ベクレルとなりましたが、それ以前の「防災指針」で挙げていた飲食物摂取制限の指標値は、ヨウ素で、飲料水、牛乳乳製品は三〇〇ベクレル、野菜は二〇〇〇ベクレル、セシウムでは、飲料水で二〇〇ベクレル、穀類で五〇〇ベクレルになっていました。福島第一原発の事故以前は、とても高い基準で設定されていたのに、それで大丈夫だと思わされていたのです。

★２）「原子力施設等の防災対策について（防災指針）」：国、地方公共団体、事業者が、原子力防災に係る計画を策定する際、または緊急時における防護対策を実施する際の指針として、原子力安全委員会がとりまとめたもの。

国は、年間の空間放射線量が二〇ミリシーベルト以下なら町に住める、帰れと言いますが、年間二〇ミリシーベルトはとても高い数値です。安全かどうかをどこかで証明してもらわないことには、私は納得できません。

チェルノブイリの基準では、年間放射線量が、〇・五～一ミリシーベルト未満で「放射能管理ゾーン」、一～五ミリシーベルト未満で「移住の権利ゾーン」、五ミリシーベルト以上は「移住の義務ゾーン」、二〇ミリシーベルト以上は「強制避難ゾーン」となっています。年間五ミリシーベルト以上の区域は、チェルノブイリでは原則立ち入り禁止なのです。

ドイツでは、原子力発電所の作業員の甲状腺被曝の限界値は年間〇・九ミリシーベルトです。ＩＣＲＰ（国際放射線防護委員会）も被曝線量はできるだけ少ないほうが望ましいと言っています。ＩＣＲＰでは被曝線量の限度を、放射線業務従事者では年平均二〇ミリシーベルト、[★3]一般公衆は年間一ミリシーベルトとしています。なので、年間二〇ミリシーベルト以下ならいい、とはとても言えません。

また、放射線環境のなかでの労働環境や労働安全について取り決めた「電離放射線障害防止規則」というものがあります。これにもとづいてつくられた東京電力のマニュアルによると、現在の福島県内の多くは、放射線管理区域でいうと「Ｃ区域」という放射線の環境に相当します。

東電のマニュアルによれば、「Ｃ区域」では、決められた手袋や帽子、靴下、ゴム手

★３）ICRP は、放射線業務従事者に対する被曝限度を、５年間で100ミリシーベルト、かつ１年間で最大50ミリシーベルトとしている。

袋のほかに、半面マスクという内部被曝を避けるための特別なマスクを装備しなければそこにはいられないことになっています。

そんな場所に子どもを住まわせられるでしょうか。二四時間そんな装備をして生活することなどできるはずがありません。本来一八歳未満の子どもはいてはいけない場所のはずです。

そういう場所に人を住まわせるために、日本政府は年間二〇ミリシーベルトまでは大丈夫だと基準を上げました。私はそんな非人道的なことを町民に強いることはできないので、年間一ミリシーベルトまでと、チェルノブイリ基準を守っていこうとしています。福島では、「私は将来子どもを産めるのかしら」と心配している子どもたちがいます。そういう状況で、福島県内で心療内科を受ける子どもが増えていると聞きます。大人は子どもを守らなければなりません。「福島県内に仕事があるから離れられない」などと言っている場合ではありません。

本気で町民の生命・財産を守ろうと思ったら、「年間二〇ミリシーベルト以下なら大丈夫」という人と闘わなくてはいけません。

◆隠される被曝被害

今回の事故で一番腹立たしいのは、情報が隠されたことです。そして今も情報は封鎖され、操作されています。

双葉町の上羽鳥地区では、毎時一・五九ミリシーベルトという値が観測されていました。一般の人の年間被曝線量を一時間弱で超える大変高い数値です。これを観測したのは二〇一一年三月一二日午後三時です。福島第一原発一号機が爆発する三〇分前にこれだけの高線量が観測されていたのです。しかし、福島県がこのことを発表したのは一年半後の二〇一二年九月二一日でした。

その件について双葉町上羽鳥地区の区長さんは県知事に抗議文を提出しました。知事は抗議文を受け取ると、「ふーん、そんなことがあったのか」とひとこと言い、そのまま隣の部下にまわして、それきりです。

一号機の爆発前にすでに毎時一・五九ミリシーベルトの放射能が観測されていたのは、ベントで放射能を放出していたためです。爆発前から私たちは被曝させられていたのです。[★4]

双葉町役場には東京電力の社員二名が、町を出るまでずっとついていました。彼らはしょっちゅう会社とやり取りしていましたが、ベントによる放射能の放出のことなどが私たちに知らされることはありませんでした。

福島県は、「県民健康管理調査[★5]」のカルテやエコー画像を本人に公開しません。情報公開請求をしたなら出す、と県は言いますが、そもそも個人の権利なのにおかしな話です。

県は、甲状腺検査でガンが確認されても、「（福島第一原発の事故による）被曝との因果

★4）福島第一原発１号機で最初にベントが行なわれたのは、2011年３月12日午前10時17分であるが、双葉町山田地区では、ベント直前の午前10時に32.47μSv/h（マイクロシーベルト / 毎時）、同町郡山地区では、午前６時に2.94μSv/h、午前９時には7.8μSv/hなど、ベント開始前から通常よりも高い放射線量が観測されていた地区もあった。

関係は考えにくい」と言っています。県民健康管理調査の結果、三人が甲状腺ガンだったと発表していますが、大人で急性白血病でもうすでに亡くなっている方がいます。広島に避難している双葉町民に甲状腺ガンで手術をした方もいます。浪江町民で「おれも甲状腺ガンで手術したんだ」と傷跡を見せてくれた方がいました。しかし、それらは県の発表には含まれていません。

県はまた、県民健康管理調査の検討委員会で事前に「秘密会」をもち、意見のすりあわせをしていました。私は県の保健福祉部長に、「県民の生命・財産を守る立場にあるのに、県民のための仕事をする資格がない」と直接抗議しました。

福島県立医大には、双葉町として甲状腺検査をやろうとしたときに邪魔をされました。それで、福島県立医大とは別のところにお願いしてやりました。

被曝の正しい情報を出さないどころか、福島県内では被曝を容認する発言が相次ぎました。大学の先生たちが福島県内に入って、「少しくらいの放射能は健康にいい」と話して歩きました。福島県の放射線健康リスク管理アドバイザーの山下俊一氏は、「一〇〇ミリシーベルト以下なら大丈夫」と言いました。被曝をした私たちを切り捨てる言い方です。こういった人からは証文をとりたい。安全と言われるなら追試をして立証してもらいたいものです。何か起きた場合の責任を明確にしてもらって、保証書を書いてもらってから、発言してもらいたいです。

★5）福島県「県民健康管理調査」：福島第一原発の事故による放射線の県民の健康への影響を調査。検討委員会（座長・山下俊一長崎大学副学長、福島県立医科大学副学長）は、2013年6月5日、福島県内の18歳以下で一次検査が確定した17万4千人のうち、12人を甲状腺がんと確定、ほか15人をがんの疑いがあると発表。検討委は、福島第一原発の事故による放射線の影響は「考えられない」と否定。甲状腺検査は、原発事故当時18歳以下のみが対象。

原発事故が終わったかのようにされています。メディアでも生活上の困難を報道されることはなくなりました。とくに福島県内に入ると、新聞の報道の仕方はまったく変わります。県内二つの新聞の見出しは「がんばろう」とか、どこでだれそれががんばっている、といった記事が目立ちます。放射能への不安がどれだけいまだに残っているのか、子どもたちが精神的に悩んでいること、心療内科が一杯でなかなか受診できないといった悲惨な状況は、ほとんど報道されません。

放射能は怖くない、避難所に入っているとかえって寿命を縮める、という宣伝がされています。県内に住んでいる県民は、「放射能についてはお互いに話をしないようにしている」などと言っています。逆方向を向いています。

◆「事故収束宣言」は何のために

二〇一一年一二月一六日、当時の野田（佳彦）首相は、東京電力福島第一原子力発電所の一～三号機の原子炉が「冷温停止状態」を達成したと、いわゆる「事故収束宣言」をしました。あの宣言が出てから、避難民への対応が変わりました。変わらないのは、事故現場の状況です。事故の収束作業はそのまま続いているということです。

なんのための「事故収束宣言」だったのでしょうか。「事故収束宣言」のあと、避難指示区域の見直し[★6]が行われ、避難の基準として放射線の被曝線量の基準を年間二〇ミリシーベルト[★7]にするとされました。

★６）「避難指示区域の見直し」：政府は、東京電力福島第一原発から半径20キロ圏内を2011年３月12日「避難指示区域」に指定。2011年４月には、原則立ち入り禁止の「警戒区域」と、年間の放射線量が20ミリシーベルトに達する恐れのある「計画的避難区域」に再編していた。2011年12月26日、新たに、住民の早い時期の帰宅をめざす「避難指示解除準備区域」、引き続き避難を求める「居住制限区域」、５年間は戻ることが難しい「帰還困難区域」の３つの区域（次頁「避難指示区域」参照）に再編する方針を打ち出した。

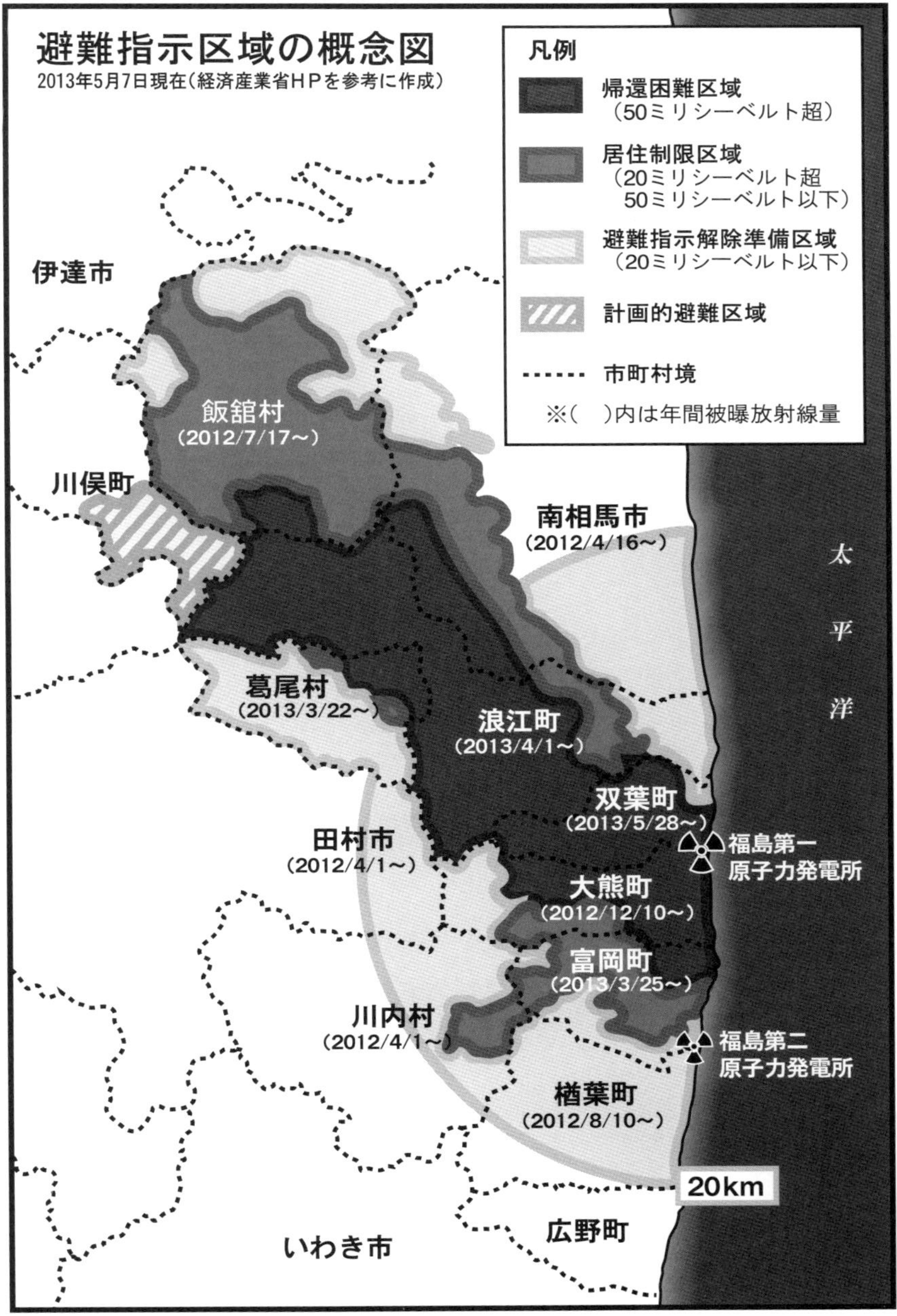
避難指示区域の概念図
2013年5月7日現在（経済産業省HPを参考に作成）
凡例
帰還困難区域
（50ミリシーベルト超）
居住制限区域
（20ミリシーベルト超
50ミリシーベルト以下）
避難指示解除準備区域
（20ミリシーベルト以下）
計画的避難区域
市町村境
※（　）内は年間被曝放射線量
伊達市
飯舘村
（2012/7/17～）
川俣町
南相馬市
（2012/4/16～）
太平洋
葛尾村
（2013/3/22～）
浪江町
（2013/4/1～）
双葉町
（2013/5/28～）
福島第一
原子力発電所
田村市
（2012/4/1～）
大熊町
（2012/12/10～）
富岡町
（2013/3/25～）
川内村
（2012/4/1～）
福島第二
原子力発電所
楢葉町
（2012/8/10～）
20km
広野町
いわき市

私は、二〇一二年三月七日に、原子力安全協定に基づく立地町の検査として東京電力福島第一原発構内に町の職員とともに入りました。小森常務と高橋所長に「事故は収束しましたか」と尋ねたところ、「収束していません」と答えました。あわせて一号機、二号機、三号機の内部の情報を教えて欲しいと言いましたら、「わかりません」という答えが返ってきました。

それなら国は何を根拠に事故収束宣言を出したのでしょうか。もし本当に収束しているというのであれば、その検査記録、検査者は誰かということ、検査状況の写真などを国から出してもらいたい。「収束した」と言い切るためには、東電の内規や国の基準に基づいて確認しているはずです。

国民として反省し、教訓とすべきは、一人ひとりが自分なりのチェックシートを持つべきだということです。双葉町の議員には、「国が二〇ミリシーベルト以下なら安全だというのだから、いいじゃないか」という人もいます。「事故は起きない」と東電からも原子力安全・保安院からも何度も言われてきました。しかし、実際にこうして事故が起きました。この現実、被曝させられ、二年以上も避難を強いられている現実をどう考えているのでしょうか。

今回の福島第一原発の事故で、原子力発電所がいかに脆いものであったか、いかに見せかけの安全だったかがわかりました。私たち立地自治体も反省しなければなりません。

★７）年間20ミリシーベルト：＝毎時約３.８マイクロシーベルト（１年の間、屋外に毎日８時間、屋内に毎日16時間いると仮定した場合。木造の建屋の遮蔽係数０.４を考慮。自然放射線による影響も含む。）

一部の人にあまりにも預けすぎました。時すでに遅し、ですが、原子力発電所の立地自治体は、自分の目で安全・安心のチェックをするべきだと思います。

チェックを人任せにしないで、自分の目で、自分の五感で、チェックする。立地自治体は努力をして、できない、わからないですまさないで、わかろうとすべきです。こちらがわかってくれれば、相手もいい加減なことはできません。私がうかつだったのは、相手の言葉を信用してしまったことです。

◆帰還の強制と、さらなる被曝

私たちの町は放射能にものすごく汚染されています。★8 にもかかわらず、国から「帰れ、帰れ」と言われ、いずれ戻らされるでしょう。

「早期帰還定住プラン」（福島復興再生総括本部、二〇一三年三月七日）には「国は、避難指示が解除されるまで待つことなく、必要な施策を速やかに実行に移し、さらには取組の前倒しを行う。……地元や東京電力任せにせず、国が前面に立って対応する」（傍点筆者）とあります。

これは私たちをとにかく町に戻そうとするプランです。私みたいに「安全が確保されるまでは帰らない」という人がいるので、「地元任せにせず」と言っているのです。

仮に町に帰った時に何が起こるのでしょうか。地元には産業はありませんから、結局、多くの町民は除染作業に従事することになるでしょう。「町の復興のために」と、今も

★８）原子力規制委員会の放射線モニタリング情報によれば、2013年５月15日時点で、双葉町で放射線が高い場所上位５カ所は次のとおり。山田農村広場：16.86μSv/h、石熊公民館：９.102μSv/h、双葉町体育館：４.357μSv/h、北部コミュニティセンター：３.653μSv/h、寺松公民館：２.497μSv/h。（参考までに、同日の東京都新宿区・都健康安全研究センターでは、０.045μSv/h）。双葉町は避難指示区域の再編（2013年５月28日）後でも、町民が住む地域の96％が原則立ち入り禁止の「帰還困難区域」とされている。

除染作業に加わっている町民はいますが、被曝させられています。

除染作業では、そのままではまだ低レベルなものを、わざわざ集めて高レベルにしています。動作としては、自分の手元にもってきてから器に入れ、袋に入れて外から押します。たいした防御服ではないですから、放射線にさらされどおしです。この作業を一日中やると、内部被曝はするかどうかはわかりませんが、外部被曝はすることになります。マスクの質や、風や湿度などの気象条件によっては内部被曝の危険性も高まるでしょう。

町に帰れば、産業は被曝する除染作業しかなく、これをやらざるをえない。しかし、自分たちで除染作業をやったとしても、除染が完璧に終わらないところで寿命が尽きてしまうか、あるいは病気になってしまうでしょう。そういう町民を作りたくないがために、私は町民を県外に残しておきたいのです。

がんばろう、がんばろう、と言われながら、被曝させられ続けるのです。町民にそんなことはさせたくありません。今いるところでがんばって、そこで家系の継承をはかり、いずれ安全になったら戻れる人だけでも町へ戻ろう、というのが私の考えです。

◆人も文化もバラバラに

町民を不要な危険にさらさないように、これ以上被曝しないようにと、私は福島県とも闘っています。今の知事は、「福島県の発展・振興のために双葉郡に中間貯蔵施設をつくれ」と言っています。私は、「では双葉郡は、双葉町はどうなるんですか」「双葉町に中間貯蔵施設をつくれば、私たちは帰るところがなくなります」と尋ねるのですが、知事からの返事はありません。とにかく福島県の復興のために中間貯蔵施設をつくれ、と言うのです。

人も文化もバラバラになってしまいました。国の政策では、災害復興公営住宅を分散してつくると言っていますが、私は反対です。小さくてもいいから、町の形がないと学校も再開できませんし、商店街、もともと町民を相手にしていた商工業者も再開できません。高齢者のお世話や子どもの教育ができません。田畑、文化財は町に置きっぱなしで手入れできていません。例大祭の実施、お墓参り、町の歴史の継承をどうしていけばいいのか。借用でもいいので「仮の町」をどこかに設ける必要があります。

◆「七〇〇〇人の復興会議」

私は町長として、今までにどこも経験のない形で町を壊されたのだから、これから自分たち七〇〇〇人の町民みんなで町をつくりなおそうと、「七〇〇〇人の復興会議」を立ち上げました。しかし、町議員からは、前例がない、原案がない、レジュメがないから、と評価されませんでした。

「お任せ民主主義」から町民の意識を変えて、本当のデモクラシーをみんなでやろうと、ボトムアップで町を復興していこう、と立ち上げたのですが、残念でした。

これから町は原発に頼らないで、馴れ合わないでやっていかなければなりませんが、主体性をもたないままで町の自立をどう設計していくのか。県内に戻っても、職場がない、放射線量が高い、将来の健康リスクがあるなかで、どう生きていくのか。このままでは、なかなか東電から抜けきれなくなります。

双葉郡内のほかの首長さんたちは、まちに戻る方針です。放射能被曝の問題は共有できませんでした。帰還の基準が年間二〇ミリシーベルトでは高すぎること、一ミリシーベルトが最低限の基準、と説明しましたが、「いまさらそんなことを言われても」と言われてしまいました。流れに任せるしかない、ということでしょう。東電に研究所をつくってもらうとか、何かお土産をもらって、住民をまちに戻そうとしています。原発関連の交付金などがまちの財政の基礎になっていると、自分たちのまちでは原発をどうするか、ということよりも、まちの存続のために、国にどうにかしてほしい、という考えになってしまいます。

双葉町が県内に戻ってどう町を存続させていくことになるのだろうか、と考えると、町民は除染作業の末端作業員にさせられ、将来被曝で病気になっても仕方ないな、おれらは原発と心中するんだ、と思い込まされていくのかもしれません。

しかも、これから原発は廃炉に向かいます。簡単には原発から使用済み核燃料などは持ち出せませんから、核のゴミは立地地区にそのまま置くことになるでしょう。双葉町としては、離れていても原発の監視やチェックには注意していかないといけません。

◆町の自立

私が二〇〇五年に双葉町の町長についたとき、町は財政破綻寸前でした。予算も組めないほどでした。ですので、毎年節約に節約を重ねた予算組みをしていました。

私がなぜ東京電力福島第一原発の七号機・八号機を誘致したかといえば、町の財政が非常に厳しかったので、町の再出発の原資にしたいと考えたからでした。

原発マネーへの依存率は財政の七〇％くらいまでになっていました。相当高い比率です。町の再興・自立のために、第六次産業を起こし、いずれは自主財源と原発マネー依存の比率は、ともに五〇％にしたいと考えていました。

自主財源を五〇％にするために、企業誘致といった他力本願なものではなくて、あなたが起業家になってください、と私は町民に呼びかけていました。町の農家一人ひとりが経営者になってもらって町を再建しようと考えて、原料販売から加工品販売までを担う第六次産業化を目指していました。

双葉町には福島第一原発の五号機と六号機がありました。原発の固定資産税は、一五年でゼロ近くになりますので、原発関連の収入は減る一方でした。

電源三法交付金制度[★9]は、日本で原子力発電が始まった初期のころは整っていませんでしたし、双葉町では早い段階で原発が建設され[★10]、出力も小さかったので、双葉町の原発

★9）「電源三法」: 1974年6月3日に成立した、電源開発促進税法、電源開発促進対策特別会計法、発電用施設周辺地域整備法の3つの法律のこと。

★10）東京電力福島第一原発5号機は、1971年着工、78年運転開始。同6号機は、1972年着工、79年運転開始。

関連の収入は、総額では数百億円でした。

また、当初の電源三法交付金は、箱モノなどにその使途が限られていました。そうすると、箱モノをつくるときは原発関連の交付金ですが、そのあとの維持運営は自前でやらなければならない。二〇〇三年からは何にでも使えるようになっていましたが、それ以前は箱モノをつくったがために財政が圧迫されていました。原発でよかったこともありましたが、結局、原発で町はバラバラにされました。

◆放射能を一切出させない

原子力発電とこれからも付き合うと国が言うのなら、「一〇〇％安全」は譲らないようにしましょう。万が一事故が起きても、地元の被害住民がそのあとどこでどう暮らしていくのか、などは国からも電力会社からも一切示されません。原発事故に遭うような状況をつくらせないようにする必要があります。

まず、ヨウ素剤の配布は受け付けないほうがいいでしょう。ヨウ素剤を受け取ることは、原発事故の発生を容認していることになります。ヨウ素剤を配ることによって、国も、電力会社が国民を被曝させることを免責しているのです。

「事故は起きる」という前提で誘致しているわけではないはずです。事故が起きるかもしれないからと、新たに各家庭にヨウ素剤を配布して、事故が起きたらヨウ素を飲んでくださいというのは、被曝の影響については、ヨウ素剤を飲んだか飲まないかで、その後の対応を分けられてしまいます。結局は国も事業者も、被曝の責任をとってくれず、個人に責任が転嫁されます。

　このため、ヨウ素剤を受け取る代わりに、放射能を絶対に一切出すな、と求めたほうがいいでしょう。

　それから、排気塔を原発から撤去すべきです。排気塔は放射能を拡散させています。排気塔のために、立地の住民が最初に放射能にさらされています。原発事故を経験して、あの排気塔はとんでもないものだということに気づきました。

　フィルターをつければいいという話もありますが、フィルターでどれほどの放射能が除けるのか。風速何メートルで、どういった性質のメッシュで、どのくらいの除去率なのか、きちんとした実験結果を出してもらいたいものです。フィルターをつければいいということでなく、その効果をきちんと追求すべきです。

　そもそも原発から放射能が出ることは絶対にあってはなりません。放射能はいったん外に出てしまったらおしまいです。原発から排気塔を取り去り、原発全体を巨大なシェルターで覆い、海にも巨大なプールをつくり、空中にも海中にも放射能を一切出させないような仕組みを完成させ、安全の検証を地元にさせてから、その上で再稼働の議論をするようにするべきです。

　私たちは、東京電力に放射能を放出され、福島県内、東日本の半分が放射能で汚染されましたが、東電は、放射性物質は「無主物」で、持ち主がいないと言っています。

なので、原発をシェルターで囲って、放射能を一切外へは出さないことを求め、それが可能でない限り、原発はつくらせない、再稼働させないことを求めるべきです。

原発に頼っていたら、私たちみたいにやがて町に住めなくなります。原発をつくれば、やがて町は核廃棄物置き場になります。末代いつまで危険性が続くかわからないものが町に置かれるようになって、地元の魚も食べられなくなります。

私たちが原発とつきあったのはたった四十数年です。千年の歴史ある土地が、たった四十数年原発と付き合っただけで、もう住めないような状況にされてしまいました。放射能に追い出されてしまったわけです。

二度と私たちと同じような思いをほかの地域の人には味わってほしくありません。一人ひとりが「お任せ民主主義」から変わる必要があると思います。

村上達也

茨城県東海村・村長

この国は原発をもつ資格はない

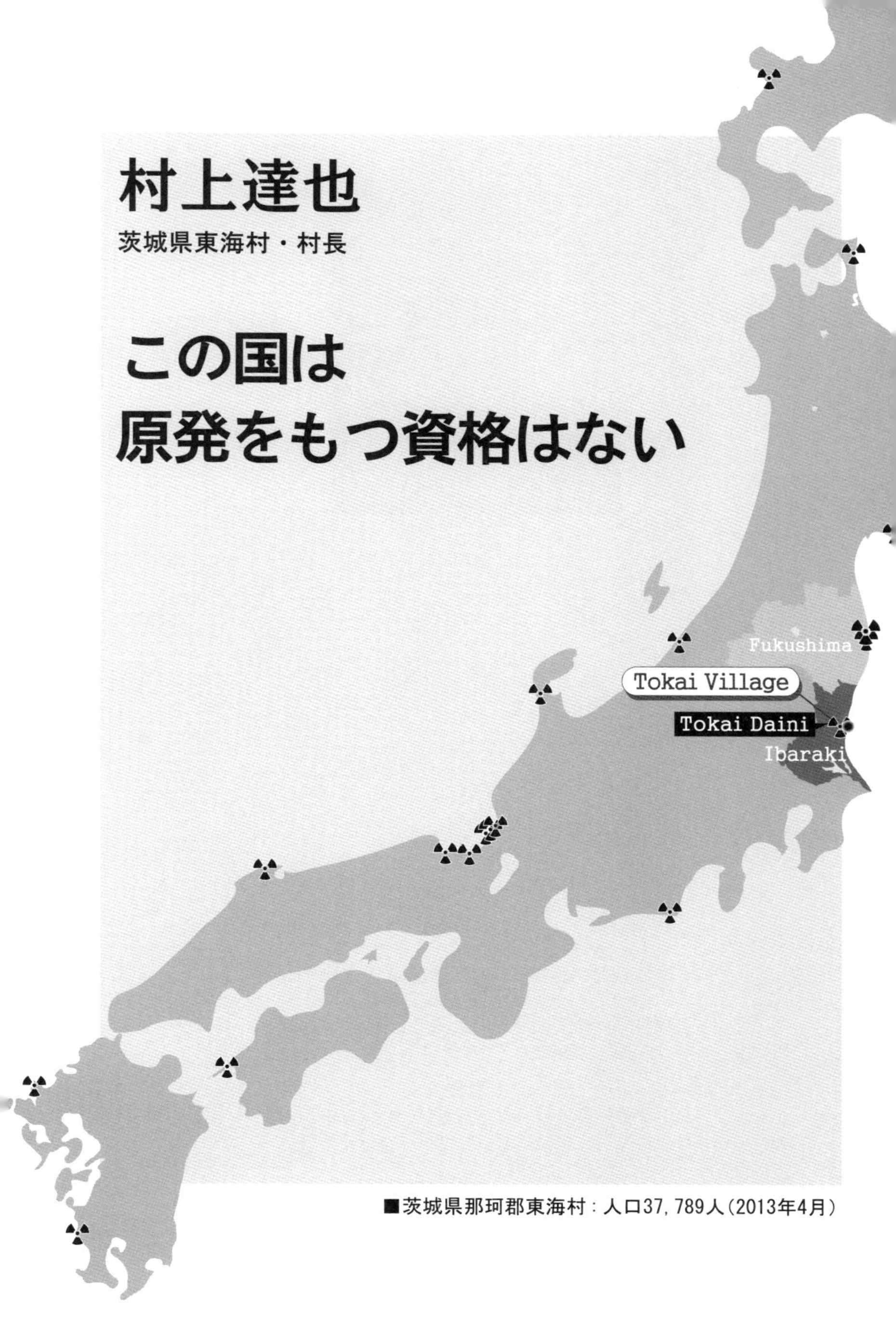

■茨城県那珂郡東海村：人口37,789人（2013年4月）

〈プロフィール〉

むらかみ・たつや

1943年生まれ。茨城県石神村（現・東海村）出身。
1966年、一橋大学社会学部卒業。
地元の常陽銀行に入行。融資業務部副部長、
ひたちなか支店長を歴任。
1997年９月、東海村村長に就任。現職（４期目）。
脱原発をめざす首長会議・世話人。

著書

『原発を止める55の方法』（共著／宝島社）他

◆この国は原発をもつ資格はない

茨城県東海村は、一九五七年に日本で初めて「原子の火」が灯った原子力発祥の地[★1]です。しかし、私は原発依存に未来はないと考えています。

東海村で「なぜ脱原発か」と問われますが、不条理にも、故郷を追われた福島県民一六万人と、福島市など放射能高汚染地区に住み続けている数十万人のこと、こういう犠牲者を生んだあの福島の原発事故の全容と責任の所在が明らかでなく、政府や「原子力ムラ」と呼ばれる業界が、事故を受けて政策や体制を変えることのない傲慢さを見て、「この国は原発をもつ資格はない」と考えるようになりました。

そして、三万八千人の村民と、東海村から三〇キロ圏の百万人の命を考えれば、「金と命は等価交換できない」、「犠牲者の上に便利な生活は望んではいけない」との思いから、「東海第二[★2]は動かしてはならない、廃炉しかない」との思いに至ったわけです。

高校生のころだったと思いますが、「あの理不尽で馬鹿げた戦争をなぜ防げなかったのか、お父さんらの世代は何をしていたのか」、こういって父を詰問したことがありま

★１）1955年、国は「原子力基本法」を制定。1956年、東海村への日本原子力研究所の設置決定。翌57年、東海研究所（現・JAEA 原子力科学研究所）が設置され、第１号原子炉“JRR-１”の臨界実験に成功（日本初）。1963年10月26日、日本原子力研究所の動力試験炉“JPDR”が日本初の原子力発電試験に成功。この日は「原子力の日」に制定されている。1966年、日本初の商業用原子力発電である日本原子力発電㈱東海発電所が営業運転を開始。1998年まで運転を行ない、2001年に廃止措置に着手。

した。いま、この言葉が私たちの世代に、私自身につきつけられています。「なぜ自分の世代で何一つ解決できない原発をつくってきたのか、何世代にもわたるツケを残したのか」と。

私たちは福島の原発事故をしでかし、改めて核利用の非人間性に気づいたはずです。にもかかわらず、原発をスパッと捨てられないとしたら、この問いに何と答えたらいいでしょうか。

これは技術や経済の問題ではなく、倫理・哲学の問題です。

◆「3・11」の東海第二原発

「3・11」の際、東海村では水道、電気、道路などのインフラが破壊され、避難者が三千五百人くらい出ました。役場は当初、避難所の開設、避難者のお世話などに意識も勢力も削がれていました。日本原子力発電㈱が所有する東海第二発電所については、地震で自動停止した、との連絡が事業所からまずはありました。

事業所からのファックスで、東海第二の原子炉内の状況はおおよそつかめていました。大丈夫だろうが、なかなか温度も圧力も下がらない、水位も安定しないと、ここは心配な思いももちながら見ていました。

東海第二原発が本当は危なかったとわかったのは、三月二三日です。原子炉が「冷温

★2）日本原子力発電東海第二発電所：茨城県東海村にある日本初の大型原子力発電所（出力110万 kW）。1973年４月着工、1978年11月営業運転開始。

東海村・村上達也村長は、同発電所の永久停止・廃炉などを要望する意見書を2012年４月、当時の枝野幸男経済産業大臣へ手渡した。

停止」状態に至るまでに通常の倍の三日半がかかっていました。

三月一一日、東海第二は、五・四メートルの津波に襲われました。海水ポンプ側の防護壁は六・一メートルで、津波との差は七〇センチありましたが、この防護壁が完成したのは、たった二日前のことでした。

防護壁の工事は完全に完了していたわけではなかったので、海水が漏れて、海水ポンプ三台のうちの一台が水没したのです。

つまり、地震の影響で外部交流電源をすべて喪失し、非常用発電機と非常用炉心冷却システムが起動したのですが、そのあと、非常用発電機を冷却する冷却用海水ポンプ一台が津波によって浸水し、結果、非常用発電機三台のうち一台が動かなくなり、原子炉の冷却がうまくいかなくなっていました。

十分な冷却ができず、圧力が上昇し、圧力逃し弁の開閉を一七〇回も行い、つまりベントをしての注水をし続け、ようやく原子炉は冷却されました。手動のベントでよく一七〇回もうまくいったなと思います。「冷温停止」は三月一五日午前〇時四〇分でした。

津波による水没を免れた二台の海水ポンプは、若干背が高かったので難を逃れましたが、それでもポンプの頭と、入ってきた海水の水面の差は四〇センチほどしかありませんでした。あとわずか四〇センチで、あやうく海水ポンプは三台すべてがダメになるところでした。

これを知った時には、背筋に冷や汗が流れ、ゾッとしました。東海村は福島と同じになるところだったかと。そうしたら、三万八千人の村民とともに、いまごろどこにいただろうと思いました。

東海第二の格納容器はマークⅡ型で、福島第一のマークⅠより大きかったので、なんとか事故につながらずにすんだのだと思います。

◆日本初の原子力災害——臨界事故の経験

日本で初めて「原子の火」が灯った地・東海村は、日本初の原子力災害を経験した地でもあります。

一九九九年九月三〇日、午前一〇時三五分ごろ、核燃料を製造する民間企業・JCO《ジェーシーオー》で、いわゆる「青い閃光」とともに臨界が起きました。翌日の午前二時三五分に決死隊が突入し、午前六時一四分に臨界が停止するまで、中性子線が約二〇時間にわたって放出され、作業員二名が亡くなり、重被曝者一名、ほか住民二三四名を含む六六六名が被曝する大事故となりました。私が村長になって一期二年目のことでした。

JCO臨界事故のあと、私が事故の社会的背景として指摘したのは「想定外」「国策」「安全神話」「社会的制御システムの不備」でしたが、結果的にそれらは改められることのないまま福島第一の事故が起きたといえます。

日本の原子力界には、日本では原子力事故は起きない、日本では起こさないという根拠なきうぬぼれと過信がずっと続いています。

「日本では過酷事故は起きない」という前提なので、「臨界事故が起きた」と聞いても、国は「そんなはずはない」、「たとえ臨界が起きても、ただちに止まるはずだ」という考えでした。村独自の判断で国内初の住民避難を始めたのは当日午後三時ごろですが、原子力安全委員会が動き出すのは夜の七時過ぎ、政府の原子力災害対策本部が立ち上がったのは夜の八時過ぎでした。

科学技術庁が作成した当時の「原子力防災指針」は、たとえば、今回福島で起きたような、大気中に大量の放射性物質が撒き散らされるような「シビアアクシデント」も想定していました。しかし、これには脚注があって、「上記は仮想事故であるから、具体的な対応は必要としない」と書いてあります。

「仮想事故であるから具体的な対応は必要ない」なんて、こんなバカな「防災指針」はありえませんが、それほどに国は、事故が起きるとは想定していませんでした。なので、事故防止策も対応策もなく、役場は右往左往せざるをえませんでした。

ＪＣＯ臨界事故について原子力界は、「バケツ」や「ヒシャク」の使用、「マニュアル改ざん」といった耳目を集めやすい事由をもって、ひとりＪＣＯに責任をかぶせ、みずからの体質や政策を反省する姿勢は弱かったといえます。

それまで東海村は原子力推進の優等生でした。しかし、原子力政策は「国策」だと言いつつ、何かあれば国がしかるべき対応をする、国がしっかりとその責任をとるという体制にはないことが、ＪＣＯ臨界事故でわかりました。この事故が、国の政策に黙って従っているだけでは住民の安全を守ることはできない、主体的にものを言っていかなければならない、という認識へ変わるきっかけとなりました。

◆疑念・異論は許されない閉鎖性

ＪＣＯ臨界事故後、経済産業省に原子力安全・保安院ができ、原子力安全委員会が科学技術庁から内閣府に移り、原子炉等規制法の改定、原子力災害対策特別措置法が制定されました。

私は国に、原子力の「推進」と「規制」の組織を分離し、規制機関を独立するよう求めてきましたが、国は応じませんでした。「推進」となれば推進一辺倒となり、推進と規制を明確に組織分離することができずに、結果として安全基準がいい加減となり、福島第一の事故を招いたといえます。

私は、日本は原発を保有するだけの「技術力」はもっていると思っています。ただ、巨大科学技術がもつリスクを意識してコントロールする「社会的な制御システム」は、日本ではつくれないのではないかと危惧しています。

たとえば、異議を申し立てる、あるいは懸念を表明すれば、「反・原子力」という烙印が押されます。だから、誰も何も言えなくなります。

ＪＣＯ臨界事故後、村長選挙のたびに推進側は私を落とそうとしてきました。二期目は、ＪＣＯ臨界事故のあとだったので、相手は対立候補擁立を断念しましたが、三期目は原子力界から対立候補を出し、四期目は自民党県連が対立候補を選んできました。私に「反・原子力」という烙印を押して、原子力推進派が総がかりで選挙をやりました。

村民は、原子力があっての東海村だという意識はもっているのでしょう。しかし、今では唯々諾々と原子力の旗を振るだけでは、自分たちの安全は守れないと考えている村民は相当数います。

懸念を表明できない、心配だと声を上げることもできず、少しでも疑問を口にすれば、「何を言うか」と封じ込められてしまう社会、これは、私は戦前の日本社会、「天皇制軍事警察国家」のようだと思います。

◆「国策」は「民意」「地域」を圧殺する

原子力施設が作られる際には、膨大な金が地域にまかれます。また原発をつくるときには、武力ではありませんが、機動隊を使い反対する人たちを排除し、いわゆる金と力で原発は推進されてきました。
原子力政策は「国策」といわれますが、「国策」という言葉はおどろおどろしい響きをもっています。原発は「国策民営」だというように、この言葉を使いますが、「国策」

という言葉を常用するのは原子力政策だけではないでしょうか。

「国策」という言葉が歴史的に年表に出ているのは、昭和一六（一九四一）年、開戦に関する御前会議の際の「帝国国策要項」と「帝国国策遂行要領」だけです。その後の日本は、「神国日本」「神州不滅」の精神論が跋扈し、自国の能力を客観視できず、竹槍戦法で「一億総玉砕」を国民に強い、塗炭の苦しみを与えて敗戦となりました。

「国策」「国益」「国威」という言葉を使われるときには、「民意」は圧殺されていくものです。だから、推進側は、相変わらず「日本のエネルギー政策」や「国家安全保障」、あるいは「日本経済」といった大上段の構えできます。それは、「地域」や「民意」といったものとは相容れないものです。

たとえば、水俣の有機水銀公害を起こした日本窒素肥料、新潟水俣病の昭和電工、足尾銅山鉱毒事件の古河鉱業、これらはみな元は国策会社でした。このように、地域は「国策」という力に圧殺されてきたといえます。そして現在は、金の力で黙らされています。

◆基準なき除染のまやかし

福島県双葉郡の高濃度汚染地域にはもう戻れないでしょう。なのに、国は除染すれば帰れるかのようなまやかしの政策をすすめ、そのために双葉郡一六万人の住民は翻弄されていると私は思います。一六万人だけではありません。福島市、郡山市、二本松市など、人口が多い中通りの地域も、いわゆる放射線管理区域並みに汚染されています。

日本ではそういう汚染地域に大勢を住まわせたままで、住民は不幸にも、住民同士、家族、夫婦間で、別の土地に「移るか、とどまるか」、「戻るか、戻らないか」と、事故後日々惑わされ続けているのが、私にはとても気になります。

アメリカにもロシアにも、原発事故の際の避難や移住に関する基準があります。アメリカなら、事故発生から一年目は空間線量が年間二〇ミリシーベルト以上、二年目は年間五ミリシーベルト以上、それ以降は年間一ミリシーベルト以上の放射線量が測定される場合は「避難」となります。ロシアなら、空間線量が年間五ミリシーベルト以上の地域は「移住義務」が生じ、年間一ミリから五ミリシーベルトでは「移住権」が付与されるという基準が、決められていました。日本はそうした基準を事前につくっていませんでした。想像力・仮想力の差は歴然としています。

事故から二十七年が経ちましたが、チェルノブイリへは帰れません。ベラルーシやロシアでも除染はやっていません。でも、帰れない。だから、除染の効果は日本政府もわかっているはずです。帰れるかのようにカモフラージュしているのです。

目先の利害にとらわれて、原理原則を貫けない、基準をつくることができない国、こういう国は、私は原発はもてない、もってはいけないと思います。

◆原発から受け取ったもの

東京電力の福島第一原発五号機・六号機がある双葉町の入口には、「原子力 明るい未来のエネルギー」という看板が掲げられています。

双葉町にも原発反対の運動はありましたが、金の力によって黙らされ、結果として「原発マネー」に依存するようになってしまいました。

「３・11」当時の町長・井戸川克隆さんは、事故の前、一生懸命に福島第一原発の七号機、八号機をつくってくれと原子力委員会に要請していました。当時の佐藤栄作知事がプルサーマルに反対しているから増設されない、交付金が入ってこないと嘆いてもいました。

双葉町は一時、平成二一年～二二年度（２００９年～２０１０年度）に、財政健全化団体に指定されるところまで落ちました。最初につくった原発も古くなり、電源交付金も固定資産税も入ってこなくなり、双葉町の財政は行き詰まりました。だから井戸川さんは、七号機、八号機を増設しようとしたのです。心情を思うと悲痛です。増設が決まり電源交付金が入り、ちょうど息を吹き返してきたときに、福島第一原発で事故が起きたのです。

「原子力 明るい未来のエネルギー」という看板を掲げてきた双葉町は、その結果、避難を強いられ、ひとっ子一人いないまちになってしまいました。

新聞で、原発事故後に人がいなくなった双葉町の写真を見ました。あの看板の下の奥のほうに小さく犬の死体が写っていました。私にはその双葉町の看板と、アウシュヴィッツ強制収容所正門の「ARBEIT MACHT FREI」（労働は自由をもたらす）の看板が重なって見えました。原発に依存するとはどういうことか、その本質を象徴する写真でした。

原発事故のあと、双葉町長だった井戸川さんは、「（原発から）受け取ったものは何か。交付金よりも被曝、汚染、避難等、数字に現わせない程大きなものを失ってしまった」と述べています。

原発による繁栄は、先祖から受け継いだ長い歴史の中で考えれば、たった三十年余の「一炊の夢」にすぎません。原発から得た金と、ふるさとや未来は、等価交換することはできません。

◆原発マネーの魔力

原子力発電所は、地域に入ってくるとき、地元の既存の産業を根こそぎ潰します。地域は、金によって雇用も産業も変えられてしまうのです。

原発をつくる際、電力会社はまず土地を買い上げます。それまでは安かった土地が高く売れるようになり、そしてインフラ整備が始まります。原発建設のために土建業をみなが起こすようになり、作業員も建設のために入ってきます。そのための宿屋、飲食店、タクシー業が開かれます。

そして、原発建設の側は、地域対策というか、「地域共生」という名目で、地元の人を優先的に雇います。ですから、農業をやるよりもはるかに安定した収入を得ることができる、と地元の人は思わされるようになります。

既存の地域産業がそういう形で消え、産業構造が変わっていきます。その結果、原発をやめれば収入の道が途絶えてしまう、という恐怖が芽生えてきます。

次に地域の財政も、原発建設に伴う豊富な電源交付金によって変わっていきます。十年間で四百億円余も入ってきます。建設計画の段階から交付金が入り始め、そして原発ができたら、固定資産税が入ってきます。

ＪＣＯの臨界事故が起きるころまでは、電源交付金はハード面にしか使えませんでしたので、原発の立地自治体はみな、体育館や文化センターなどをつくりました。「金が入ってくるんだから、それを使わない手はないよ」と。私自身もそういう判断をしたことがありました。

しかし、そのあとが大変です。維持費や運営費などがかかります。いまは運営費のほうまで交付金でまかなえるようになりましたが……。

このようにして、まちの財政も原発に依存するようになります。地域の産業も、まちの財政も形を変えて、つまり、原発に地域全体が吸収されてしまうわけです。

◆高度成長期的発展観からの転換を

東海村もまた原発マネーに依存する部分は大きいのが実情です。税収で見ると、原子力関係からの固定資産税や電源交付金、東京電力の火力発電所で、税収の約六割がエネルギー関係のものです。

しかし、原発マネー依存から脱却していこうという機運があります。私が村長となってから積み上げてきた基金があるうちに、原発マネー依存から脱却しようと考えています。

ただ、どういう方向へ転換していくのか、原発の代わりに大企業を誘致するのか、といえば「ノー」です。高度成長に頼るスタイルは二十年前に終わっていると私は考えています。いわゆる世界の生産工場だった日本の地位は、中国やインド、東南アジアなどに奪われています。人件費のより安い土地へ生産拠点が移っていくのは必然です。また、国内では少子高齢化が進んでいます。

高度成長期的な地方財政の運営は、もう続けることはできません。ではどうするか。私は、東海村の知的財産、文化的な価値を高めていくことが大事だと考えています。「都市化・開発志向・発展願望」から脱し、金ではなく叡智を紡ぎ、東海村を「知の殿堂」にしたいと考えています。

◆東海村サイエンスタウン構想

二〇〇五年三月に、東海村は「高度科学文化都市構想」を、二〇一二年一二月には「原子力サイエンスタウン構想」を策定しました。

原子力はエネルギーだけでなく、放射線の医学医療利用、物質生命科学研究などにも利用され、今やGDPベースでエネルギー部門を上回っていると言われています。

すでに村にはニュートリノ研究、ハドロン研究などを行う世界最先端の原子核研究施設、中性子線などの利用研究を進める「J－PARC」（大強度陽子加速器施設）があります。こうした科学研究のために世界から研究者が村に来られています。

これら社会的・文化的価値をまちづくりに活かせるか否かは、その地域の力量にかかっています。

日本はこれまで「科学」よりも「技術」が中心でしたが、原発を止めるにしても、技術だけでなく科学研究が必要です。自然科学だけでなく社会科学も集約していきたいと考えています。

◆〝依存〟でなく〝自力〟で

これらの施設からは、原発のように電源交付金、固定資産税といった金は、直接には入ってきませんが、私はそれでいいと思っています。まちづくりは、村民が自分たちで努力していくべきものです。〝依存〟ではなく〝自力〟でやることが大事です。

原発や企業の誘致による財源確保は、たとえれば一次方程式の単純計算でした。誘致さえすれば、労せずしてこれだけの雇用と財源が生まれますよ、と。

低成長時代の地方の自立は、外部依存ではなく自らの力量で切り開くほかありません。

行政需要に財政拡大で応えるような、成長前提の図式は捨てねばなりません。住民も行政も意識転換が求められています。

◆水俣市をモデルに

ＪＣＯ臨界事故のあと、東海村の評価はかなり落ちこみ、私も苦しみました。いろいろと考えて、私は水俣から学ぼうと、二〇〇〇年に水俣市を訪れました。

当時の水俣市長・吉井正澄さんは、一九九四年の水俣病犠牲者慰霊式で、市長として初めて水俣病被害者へ公式に謝罪した方でした。水俣病は、日本が近代以後ずっと金と利便を追い求めてきた結果である、やはり大事なのは環境と健康と福祉だと、水俣市は高い理念を掲げてまちづくりを進めていたのです。

「〝環境、環境〟と言ってだれがついてくるのか、飯ば食えっとか」と水俣でもずいぶん言われたそうです。しかし、その高い理念によって水俣市は環境都市としてのステータスを築くことができました。

東海村も環境政策を進めました。いまでは茨城県でナンバーワンです。リサイクル資源は、日本リサイクル協会から「トリプルＡ」をいただいています。CO_2を減らし、福島の事故後は、公共施設内の自動販売機三三台をすべて撤去し、太陽光発電の導入も促進しました。省エネも進み、約二〇％の節電ができています。いまでは東海村に「環境」はすっかり定着しました。

東海村の第五次総合計画の理念は、「叡智が活きるまちづくり――今と未来を生きるあらゆる命のために」です。コンサルタントに任せるようなことはせずに、一三〇名の村民と役場の職員とが二年をかけてつくりました。

ＪＣＯ臨界事故のあと、東海村は、日本社会に骨の髄まで染み込んでいる経済至上主義からの脱却を掲げ、住民主権による自主自立の道、人と環境を優先する村政を指向し、保健・福祉、教育、環境の分野では高い水準を誇ることができています。

◆貯まる一方の放射性廃棄物

原子力は、発電ばかりでなく後始末も考えなければいけません。

しかし、日本では、放射性廃棄物の処理処分について事前に準備することなく、発電にばかり力を入れてきました。バックエンドに関する法律ができはじめたのは一九九五年、ヨーロッパに遅れること二〇年です。

いま、福島第一の四号機プールには、一五〇〇体の使用済み核燃料があるとされていますが、東海村には、日本原電のプールの中に二二〇〇体あります。それ以外にも乾式貯蔵施設に一〇〇〇体ほどあります。

また、東海村には、ＪＡＥＡ（独立行政法人日本原子力研究開発機構）の使用済み核燃料の再処理施設があります。再処理によって生じた高レベル放射性廃液が、約四〇〇立法メートル、ガラス固化されたものが二六〇本ほどあります。それから、低レベル放射性廃棄物も、東海村にはドラム缶で四〇万本あります。日本全体で七〇～九〇万本あり、その四割ほどが東海村にあることになります。

高レベル放射性廃液は、日本では通常、ガラス固化されて三〇年から五〇年冷却しながら地下深く貯蔵することになっていますが、「３・11」の地震でＪＡＥＡのガラス固化施設が故障しました。ここは非常に高い放射能に汚染されているので、人が入れず、修理ができていません。遠隔操作のためのロボットを開発しはじめたところです。

ガラス固化されていない高レベル放射性廃液は、液体のまま保存していますが、これも常に冷却しておかなければなりません。電気が止まって冷却がストップすれば、発熱して水蒸気が溜まり爆発します。そうすれば、高レベル放射性廃液ですから、ただちに多くの死者が出ます。一メートル以内にいれば即死です。

国は発電ばかりに目が向き、付随して出てくる廃棄物、使用済み核燃料についてはいまだに意識が低いままなのは、大変に悩ましいことです。

◆廃炉へ、母親たちが議会をも動かす

福島第一の損害賠償額は一〇兆円、除染費用は二〇兆円ともいわれています。東海村で原発事故が起きれば、避難者は福島の際の一六万人ではすみません。

東海村の一〇キロ圏には二五万人、二〇キロ圏七五万人、三〇キロ圏には百万人が住

む人口過密地帯です。しかも地震多発地帯でもあります。

今度日本で原発事故が起きれば、補償制度はあってもお金がない、つまり被災者・避難者は賠償されないことになります。日本原電にはもちろん賠償できませんし、国にもできません。原子力損害賠償制度は、完全に有名無実、死に体です。日本には巨大科学技術をもつ体制ができていません。

福島の事故後、ＵＰＺ★3など、原子力災害の対策区域が広がったので、東海村周辺の五市（日立市、日立太田市、那珂市、ひたちなか市、水戸市）とともに原子力立地地域首長懇談会を去年（二〇一二年）の七月に発足させました。使用済み核燃料と高レベル廃液の問題に関して事業者に対策を求めるよう、今後、経済産業省、文部科学省、原子力担当大臣などに対して共同での要請を進めていきます。

また、これら五市は安全協定を改定し、設備増設や再稼働の際には、東海村だけでなくこれらの五市にも事前に了解を得なくてはならないと、つまり、事業者に対して東海村と同じ権限をもてるよう、そして東海村から三〇キロ圏内の九市町村による県央地区懇話会も、東海村と同等の権限がほしいと、安全協定の見直しを求めています。

保守王国にして大手原発メーカーの牙城である茨城県にあっても、二三の自治体が、東海第二の再稼動中止と廃炉を求める請願を採択しています（二〇一三年三月現在）。

★3）ＵＰＺ：緊急時防護措置準備区域。原発から半径30キロ圏。

原発事故や放射能の怖さを皮膚感覚で知った人たちが、新しいメディアを通じて立ち上がっています。とくに女性たち、幼い子どもをもつ若い母親たちが、頑迷・保守といわれた地方議会を動かしています。権力エリート中心の原子力界に対し、国民の最も民衆的次元で異議申し立てが起きています。この動きを政府や原子力界は見誤ってはいけないと思います。

◆経済効率よりも、人命・環境を

イギリスの経済学者・エルンスト・F・シューマッハーは、一九七三年の著書『スモール・イズ・ビューティフル』で、原子力発電について警鐘を鳴らしました。「経済が繁栄するからといって、安全性を確保する方法もわからず、何万年も生物に危険をもたらす毒性の強いものを、倫理的にも精神的にもまた形而上学的にも化け物と呼ぶにふさわしいものを、大量に生み出していいのだろうか」と。「この罪は、かつて人間が犯したどんな罪よりも数段も重い」と。

ようするに始末をつけられないものを私たちは生み出しているのです。経済にプラスだというだけで。

これはモラルの低下も引き出しています。国内では核廃棄物を処理する場所が見つけられないため、モンゴルへ持っていこうという話もあります。都合の悪いことは、弱いところへ、弱いところへ押し付けていく。原発自体も需要地の東京都内ではなく、弱いところ、貧乏なところ、過疎地へ押し付けてきました。

ドイツのメルケル政権は、遠く日本で起きた原発事故を受けて、ただちに老朽原発八基を停止し廃炉へ、その上二〇二二年までに残り九基の停止も決定しました。これは、「3・11」後にドイツで設置された「安全なエネルギー供給に関する倫理委員会」の勧告を受け入れたことによるものです。

ドイツは原発を、経済や技術の問題ではなく、倫理・哲学の問題として捉えたのです。

評論家の加藤周一は、日本人の思考の特性を「現在主義」と「大勢順応主義」という概念で説明しています（加藤周一『日本文化における時間と空間』）。日本人は、現在の利害関係から離れてものを決められない、というのです。まさに原発推進側にはそういう傾向があるといえます。福島第一の事故と被害の全容が明らかにならないままに経済的判断が先行し、このまま原発が再稼働されていくことになれば原発事故の再発は必至、と私は思っています。

しかし、私たち日本国民も戦前の「臣民」ではもはやなく、また高度経済成長期の「エコノミックアニマル」でもありません。今回の東日本大震災と福島での原発事故で価値観・人生観の転換が起こっています。

地震・津波の自然の猛威に目を覚まされ、停電や断水による不自由な生活を経験し、原発事故で故郷を失った人たちの思いを聞き、放射能汚染の脅威に見舞われました。そこで気づかされたのは、大事なものは金や効率などではない、命や自然、ふるさとであり、人への信頼など文化的・社会的な価値であると。同時に、原発のような国権的・集権的な代物ではなく、身の丈にあった地方的・分権的なものこそが大事であると。

目先の金に惑うことなく、安全とこの地域の将来、つまり命とふるさとを守ることに重きを置いたまちづくりをしていきたい、そのためには原発依存から脱却していくしかない、というのが私の考えです。

桜井勝延

福島県南相馬市・市長

私たちの経験からは「脱原発」以外ありえません

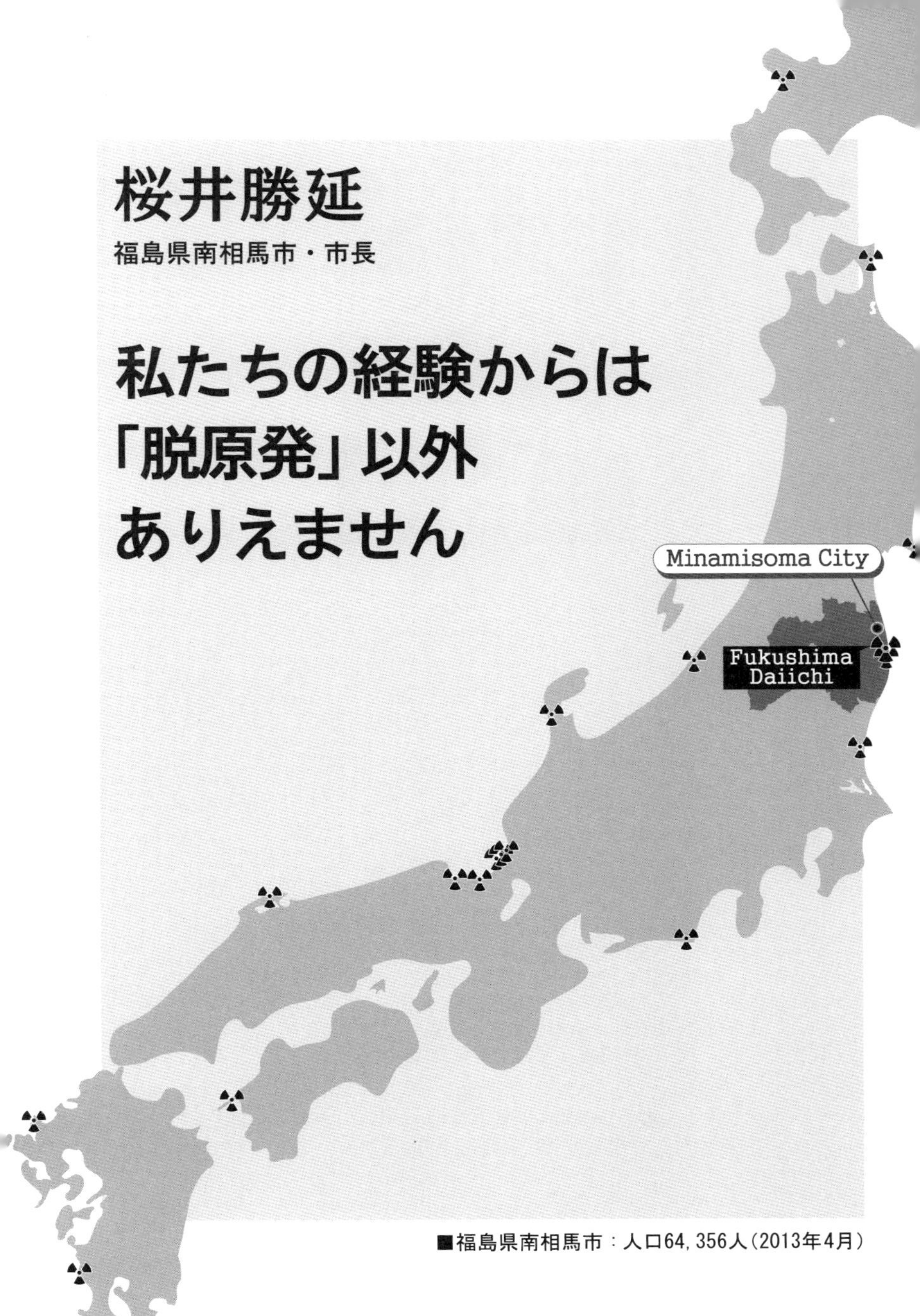

■福島県南相馬市：人口64,356人（2013年4月）

〈プロフィール〉

さくらい・かつのぶ

1956年生まれ。福島県原町市（現・南相馬市）出身。
1978年、岩手大学農学部卒業。
農業経営を経て、2003年から原町市議会議員（１期）。
2006年から南相馬市議会議員（２期）。
2010年１月、南相馬市市長に就任。現職（１期目）。
脱原発をめざす首長会議・世話人。

著書

『闘う市長―被災地から見えたこの国の真実』（共著／徳間書店）
『原発問題に「無関心」なあなたへ。』（共著／キラジェンヌ）他

◆はじめに

「3・11」は、私たちのなかで、あの日からまだずっと継続しています。しかし、悲鳴をあげているだけではなくて、どう生きていくか、どう生きていかなくてはならないかということを、私たち自身で選択していこうとしています。

そんなときに、「いまでもこんなになっている」とイベント的にしか報道されなかったり、どこの村は全村避難から立ち直ろうとして帰村宣言をしたとか、除染したら帰れるとか、帰れないとか、そういうことだけが報道されているのを見ると、被災地が記念日的に扱われている悲しさが募ります。

ほんとうに被災地の市民の気持ちに添って言っているのか、やっぱり外からしか見ていないんだなという思いがあります。

しかも、二年経って、原発事故の経験が忘れられつつあります。

東電を隠れ蓑にして、原発事故からなんとか原子力政策を再生しようという国の動きもあります。

マスコミは原発と事故について書かなくなり、各地の原発立地自治体は、「早く再稼働させろ」「再稼働しないと財政が厳しくなる、何とかしてくれ」と、それだけです。

私たちの経験は生かされない。

私たちからすると、当たり前のことが議論されなくなり、報道されなくなっています。あのエネルギー基本計画の意見聴取会[★1]は何だったのか。

現実には、人びとの心に原発事故の経験を考えさせないようにする動きがどんどん強くなっていると思います。

◆陸の孤島となった南相馬市

あのころ、私たちにとってどれほどに天変地異的なありえない瞬間の連続だったかは言葉にできません。原発事故直後、被災地はどうしていいのかわからないくらいに孤立させられていました。

原発事故後、南相馬市が最初に東京電力から連絡を受けたのは三月二二日、事故から十一日が経ってからです。国から正式な使者が市にやってきたのは三月一七日です。

二〇一一年三月一一日、南相馬市は、震度六弱の地震と二〇メートルの津波、そして翌日の福島第一原発の事故による放射能汚染と、三重の被害を受けました。

ことに原発事故によって、福島第一原発から二〇キロ圏内の「警戒区域」、三〇キロ

★1）エネルギー・環境の選択肢に関する意見聴取会：政府が将来の発電量に占める原発比率について「広く国民の意見を聞く」とのふれこみで、2012年７月から８月にかけて全国11都市で開催。政府は、2030年時点の原発の比率を「０％」「15％」「20～25％」とする三つのシナリオを提示し、意見聴取会やパブリックコメントなどで国民の意見を集約。意見聴取会では７割の出席者が「０％」を選択、パブリックコメント（約９万件）でも87％が「０％」を選択した。

圏内の「計画的避難区域及び緊急時避難準備区域」と、三〇キロ圏外の三つに、市は分断されました。

事故直後の三月一五日から四月二二日までは、福島第一原発から二〇キロ以上三〇キロ圏内は「屋内退避」とされていたために、住民は必要な物資を確保するために外出することもできず、また、市外からは放射能を恐れて物資が入ってこなくなり、市の職員が郡山まで物資を取りに行かなければなりませんでした。「これってどういうこと?」の連続でした。

南相馬市では、津波で六三六名が亡くなってもいます。六三六名と軽々しく言いたくはありません。交通事故で一人亡くなっても、大ごとです。亡くなったのは、数ではなく一人ひとりです。彼らのことを考えればいたたまれなくなります。

原発事故があったため、南相馬市では津波の後すぐに捜索してもらえなかった人がいます。自衛隊も警察もよくやってくれました。でもほんとうによくやっていたのは地元の人です。「原発が爆発した、避難しろ」と言われている時に。

自衛隊さえも逃げていき、米軍が半径五〇マイル（約八〇km）圏外への退避を命じる中、私たちは、国からも東電からも取り残されていました。さらに、私たちが外部との通信手段がなくなっていた三月一二日、マスコミも南相馬市から立ち去りました。

最近新聞で、電力会社がマスコミなどへ広告宣伝費（普及開発関係費）として四二年間で二兆四千億円★2を支出していたという記事を読みました。私が考えていたよりも倍の金額が、電力会社からマスコミに入っていたと知りました。だから当時、マスコミもここから去っていったし、入っても来なかった、そういう背景がやっぱりあったんだろうと思いました。

三月二四日、「You Tube」に私の映像をアップしてからは、海外のマスコミが南相馬市にやってきました。

私が「You Tube」に映像をアップしたのは、南相馬市がどういう状態に追い込まれているかを、とにかくどこへでもいいから訴えざるをえない状況にあったからです。それを日本のマスコミを超えて世界の人たちが見たのです。世界の人たちは、日本はどうなっているのかと不思議に思ったと思います。

◆原発事故以前

私はもともと学生時代から一定の期間、原水爆禁止運動に関わってきました。広島・長崎を訪れたこともあります。ですから、核がどういったものであるかは知っていました。

大学を卒業後は、農業をしてきました。自然に接する仕事をするのが私の宿命と考えてきたので、核・原子力政策についてもとより肯定的でなかったのは間違いありません。

★2）大手電力9社による1970年度から42年間の合計。

南相馬市は、小高町・原町市・鹿島町の合併によって、二〇〇六年に誕生しました。東北電力が計画していた浪江・小高原子力発電所★3は、三町が合併して南相馬市になる際の焦点の一つでした。

小高町では、合併以前に議会で誘致決議をしており、合併前の原町市の場合は、議会として双葉郡の東京電力福島第一原発の増設に反対をしていました。私は当時、原町市議の一人でした。

合併後は各地区が同等の立場にあることを尊重し、浪江・小高原発については合併後に協議しましょうと、灰色っぽい決着をした形になっていました。

なので、南相馬市の議会には、原発政策を推進する人もいましたし、慎重だった人もいました。私は後者のほうですが、福島第一原発の事故が起きてからは、表立って「推進」を口にする人はいなくなりました。それくらい今回の原発事故で南相馬市の運命は変えられてしまいました。

現実に福島第一原発の事故以後、こうした生活を強いられている私たちにとっては、原子力発電が良いか悪いかは議論以前の話です。原発があったからいま、こういう生活を強いられているのですから。原発に対して肯定的な意見を持っている人は、いまは南相馬市にはいないと思います。

★3）東北電力浪江・小高原子力発電所：福島県浪江町と旧小高町にまたがる土地に、2021年度運転開始を目指し建設準備中だった。

もちろん、事故が起きる以前は、原発によるプラスの面もありました。市内には福島第一原発に入って仕事をしている事業者や作業員も大勢いましたから、原発によって南相馬市も生活の一部を支えられていたのは間違いありません。

福島県内で原発に依存してきた地域として典型的なのは、大熊町、双葉町、富岡町、楢葉町など一部です。原発を立地すると、それだけ財源が多く入ります。立地交付金や核燃税、国の電源三法交付金に象徴されるように、努力しなくても、原発を受け入れたことによって財源や雇用が生まれます。それによってたしかに一時期は安心を得ていました。

たとえば事故前、南相馬市から大熊町に移り住む若い人たちが大勢いました。大熊町は原発のおかげで財政がよかったので、小中学校すべてに冷暖房が完備され、子育てにお金がかからず、ここよりはるかに子育てしやすい環境だったわけです。

しかし、原発は、ひとたび事故が起きると、まち全体がなくなってしまう。こんなはずじゃなかったといっても、こんなはずなんです、結果的には。

南相馬市は、原発事故のあとから原発に関する交付金の受け取りを辞退しています。[★4]東京電力と東北電力の株主総会で、株主としての南相馬市として「脱原発議案」に賛成しているときに、お金だけは国からもらっておきましょうというのは一貫性がない。

★４）電源三法交付金のうちの「電源立地等初期対策交付金」。前年度は約５千万円、1986年度から累計約５億円を受け取っていた。

ダメなものはダメと言うときには、最低限の潔さも必要なのではないかと思います。

◆生活への自信が失われつつある

原発事故以前、南相馬市には七万一五六一人が暮らしていました（二〇一一年二月時点）。事故直後、住民の七分の六以上が市外に避難し、市内にとどまっていたのは一万人程度となりました。南相馬市民は日本全国、また海外にまで散らばりました。

二〇一三年二月現在、市外へ転出した人は五八四一人、いまだに市内に戻ることができていない避難者が一万七五〇四人、自宅を離れて市内の仮設住宅に避難されている人が七千人ほど。市外へ避難した四万六千人が市に戻っています。

放射能汚染によって若い世代が大勢このまちから一気に出て行きました。住民が戻ってきているとはいえ、若い世代のほとんどはまだです。現在、市内小中学校二二校のうち一六校がもともとの校舎で、六校が仮設校舎での授業を再開していますが、学校に戻った児童生徒は、事故以前の五七％です（二〇一三年一月八日現在）。

原発事故の影響は、たんにふるさとが失われるだけではありません。

事故から二年が経過する中で、多くの人が、「もとの生活に戻れる」という自信を徐々に失いつつあります。

夫婦がばらばらの土地で働くようになったり、おじいちゃん、おばあちゃんと孫が一緒に生活できなくなったとか、家族崩壊の危機も生み出しています。

同時に、いままであったコミュニティ・地域の連携もなくなっていく。そして、まちまでなくなる。つまり、自分の生活していた基盤がすべてなくなるという状況が生じたのです。

「元の生活に戻れる」という自信がなくなる、だから、賠償を求める。いったん賠償のお金をもらって生活するようになると、賠償金がなくては暮らしていけないと感じるようになる。そういう悪循環に陥っている面もあると思います。

全体的には、被災後、まだまだ安心してもとのように暮らせる環境にない人が多いのが実態です。

◆まずは心の復興を

南相馬市では事故後、家に戻ったけれども、戻った気がしない、仮設住宅から早く自分の家に戻りたい、でも戻れない、と自殺していく人がいます。四十代、五十代、あるいは二十代でも自殺されています。残念ですが、こういう形で亡くなる人がいるのです。

被災地で生きている人の気持ちはさまざまです。いまだに私たち市の職員に噛みついてくる人もいますし、落ち着いているように見えて、あきらめつつある人もいる。なんとかしようと思って、なんにもできないでいる人もいる。お金をもらえるからと、原発でがんばる人たちもいます。

しかし、この地域の復興を成し遂げていかなくてはならないのは、私たちです。そういうことからすると、命があることと、命がないことの差はほんとうに大きいと思います。除染が進まないから帰ってこられないという人、この人たちも生きています。生きているからそういう声が出せる。不安があってもまだ生きている実感があるのです。

なので、これから復興していくときに必要なのは、前を向いて生きていこうという心です。そこにどのように寄り添うか、それは行政や国がやるべきことではないでしょうか。

私たち被災地が取り残されていくということと、日本の将来がどうなるかということは、同じ路線上にあります。私たちを切り捨てるということは、日本社会で不安や困難を抱えて生きている人や地域も同じ運命になる可能性が大きい、そういうことも考えてもらいたいと思います。

◆復興の妨げとなっている行政の壁

幼い子どもたちから年配の人まで津波で流され一瞬にして命を失ってしまったという現実を、どう踏まえて立ち直っていくかは、私たちにとって大きな命題です。ですが、海岸線の復旧は、とても遅れていると感じています。

「3・11」のあとから、津波で流された家の破片など災害ガレキを利用して防潮堤をつくり、そこに木を植えて防潮林にしたいと考えてきました。宮脇昭先生（生態学者）も協力してくださっています。

しかし、国がなかなか着手してくれません。事故直後から当時の細野豪志環境大臣と喧嘩しながらやってきましたが、環境省としてはガレキを燃やしたいんです。

私たちにとっては、津波で出たガレキはゴミではありません。亡くなった人たちの命を再生し、これからの命を守る森をつくりたい、というのが私たちの思いです。

この二年間、被災地が当たり前のことを進めるのに、なぜ行政が壁になるのだろうと感じてきました。これは東日本大震災で被災した岩手県から福島県までまったく同じ思いだと思いますが、国・県・自治体という二重行政、三重行政のシステムが復興の妨げの一因になっていると思います。

一年経ったとき、霞ヶ関から「この一年で何が変わったか」と尋ねられました。「われわれのところは何も変わっていないけれど、霞ヶ関は元に戻ったね」と私は答えました。

被災直後に悲鳴をあげていた時には、霞ヶ関もこちらの言い分を聞かざるをえなかったわけですが、いまではすっかり以前のように「手続き論」が幅を利かすようになっています。

災害被災など、通常業務とは異なる一刻を争うようなときには、それぞれの現場の感覚でやらせてほしい、現場で起きていることを現場の責任で処置できるようになればいいと思います。国や県には、そのための支援をお願いしたいのです。

私たちは困っている人をなんとか手当てしたいと考えているだけです。法律が適用される・されないの問題ではなく、その人たちをなんとか助けたいという思いは法を超えたものですし、足りなければ法律をつくるのが国の役割だと思います。

◆住民の心をバラバラにした「手当ての差」

津波だけであれば、なんとかがんばろうとなるはずですが、原発事故による放射能汚染によって、住民の心はバランバランにされてしまいました。

いまは、お金によって住民が差別されるようになってしまっています。

計画的避難区域であったり、特定避難勧奨区域であったり、三〇キロ圏外は保険料を取るけれども、三〇キロ圏内は保険料を免除しますとか、いろいろな措置が複雑になっているので住民の心も一致できない面があります。「なんで、あんたが措置されて、私はされないの?」とか。同じ仮設住宅内でもそうしたことが起きています。

なぜ国や東電は、住民にあえて差別を強いるのかと、怒りすら感じます。同じまちには同じ対応をするのが当たり前の対応ではないのか。

国が強制的に避難させた人たちについては、全面的に国が責任を負います、ということが本来は必要ですが、国は「早く帰ってきたらどうだ」と言うばかりです。こちらは、「帰宅困難区域」が解除されたら手当てが出なくなるのではないかなど、不安が強まっているのです。

国や東電が差別や不安をあおるばかりでは、住民が立ち直ろうにもできないのは当然です。

大切なのは、原発事故で生活がずたずたになり、気持ちがぼろぼろになった人たちが、もう一度立ち直ることができるように寄り添い、支えていくことです。それが国の責務ですし、東電は、全責任でそれをやっていかなければならないはずです。それを、手当てで差別しつつ対応するのは明らかに問題です。

国や東電に直接に住民たちが刃を向けるのを避けるために、住民内で内紛が起きるようなことを強いているのではないのか、そのためにお金に差をつけているのではないのか、住民が一致団結して東電や国に批判を向けては自分たちの立場が危ういと考え、わざとそういうふうにし向けているのではないのか、と勘ぐりたくなるようなことが、現実に起きています。

◆放射能汚染と除染を背負わされた南相馬市

南相馬市では、被災前には、専業でも兼業でも農業に携わる人たちが多くいましたが、土壌に放射能が振りまかれて、農業ができなくなりました。

この二年間、作付けもできていません。新年度も、自主的に制限しようという動きになっています。

放射能汚染に風評被害が重なって以来、「作物を作っても売れないのではないか」という疑心暗鬼が当初ありましたし、米作り農家のあいだにはいまでもその考えが強くあります。

国は当初、農作物（野菜や肉など）に対する放射能（セシウム）の暫定規制値をキロ当たり五〇〇ベクレルとしていました。二年目はそれを五倍厳しくして一〇〇ベクレル／kgとして、この新基準値をクリアすれば出荷してもいいということになりました。

しかし、農家にとってみれば、「汚染された土壌では米を作りたくない」というのが本音です。

たしかに作物から抽出される放射能は、基準値を下回りました。去年の試験栽培でもキロ当たり一〇〇ベクレルを超えたところはありませんでした。しかし、九〇ベクレルならいいのか、八〇ベクレルならいいのか、というと、農家のプライドからすれば、汚染されていること自体が問題なのです。

なぜ基準値以下なら出荷してもいいとなるのか、というのが農家の本音です。

今年度は実証栽培が増えていきます。なぜ増えるかというと、まず今年までは補償が出ます。今年は実証栽培をやって基準値以下であれば販売も可能だ、そうすると、「今年は作ったほうが得だ」と思うわけです。だから、「作ってもいいかな」という程度の気持ちなんです。

本来は、東京電力が汚染したところはすべて除染する責務があるはずです。しかし、国も東京電力も「すべて私たちが除染します」とは言いません。

国は、二〇キロ圏内は国の責任で除染すると言いますが、二〇キロ圏外は、国の基準に基づいて市が除染をすることになっています。農地除染も同様です。

結果的には、まだまだ除染は進んでいません。

しかし、現実としてできるのかできないのかは別として、汚染された現実、除染しなくてはならないという課題は、国や東電ではなく、私たちが負わされているわけです。

これは、不思議な現実です。本来であれば、汚染した東電なり国が責任をとらなくてはならないはずです。事故当初、東京電力は「ボランティアで除染活動に参加します」と言い、いまでは、「環境省と一緒にやります」と言っています。

何だろうな、と思います。

私たちからすると、東電が除染するのは当たり前のことです。国と一緒になると、こうも奢ってしまうものなのかと思います。

福島第一原発の事故は、疑いようもなく人災です。バックアップシステムが十分でなかったのは間違いないのですから。冷却もベントのシステムも、ほとんどが電気頼りです。電源を失うことはない、という前提のもとに作られたシステムです。なので、電源が失われた時には為すすべがなかった。つまり、起こるべくして起きた爆発事故だったのです。

私たちが被った被害に対して東電が加害責任を感じているかというと、国がバックアップしているだけに、責任が曖昧になっています。社長や会長が交代すればそれでいいのか、という疑問が残ります。

私たちはここの場所から逃げることはできません。ここで暮らしていかなければならない人間からすれば、人事を交代してすむような話ではまったくありません。

私たちが、ここで安心して元のような暮らしができるように、国や東電にはほんとうに力を尽くしてもらいたいと思います。

◆原発に頼らない新しい産業へ

警戒区域にされた一万四千人の人たち、あるいは警戒区域外からも避難している人たちから、市に戻るためには雇用の確保が必要だという声も寄せられています。

これに対しては国のバックアップをもらいながら、警戒区域の事業者支援や、警戒区域内ではないが南相馬市では操業できなくなった人たちの市外での操業支援、また市内に戻って生活する際の起業支援、新たに工業団地を整備して新しい事業者に入ってもらうための支援、国が県に対して支出している基金から企業立地促進助成金を使った事業などで、雇用の確保を図ってきています。しかし、現状はまだまだです。

こういう実態を踏まえると、原発は良いものだなんて当然言えませんし、原発と共存する産業にシフトしようという考えは、南相馬市にはまったくありません。

「南相馬市復興計画」（二〇一一年一二月策定）でも、基本施策として、「原子力から再生可能エネルギーへの転換やその拠点づくり、省エネルギー政策の推進など環境との共生を目指すことを掲げ、復興に取り組むこと」としています。

もはや原発と共存しては生活が成り立たない現状から考えれば、「脱原発のまちづくり」とは、「原発に頼らない新しい産業」へシフトしていくことを意味しています。また、南相馬市では多くの人が従事していた農業の「再生」に挑戦していくことでもあります。

津波で浸水した原町区の二・四ヘクタールの敷地には、植物工場と太陽光発電所を組み合わせた「南相馬ソーラー・アグリパーク」の建設を、発電ベンチャー企業等とともに進めてきました。太陽光発電所がつくる五〇〇キロワットの電力のうち一〇〇キロワットを植物工場に供給し、二棟の水耕栽培温室でレタス類を栽培し、県内外のスーパー（ヨークベニマル）で販売します。

太陽光発電所からの残り四〇〇キロワット分の電力は、東北電力に売電します。

この施設は、小中学生が、再生可能エネルギーのことや最先端の農業について体験学習ができる場でもあります。

原発依存から脱却していくため、省エネと再生可能エネルギーの推進を進め、市の消費電力か、あるいはそれ以上の電力を再生可能エネルギーで生み出すことを目指しています。

これは、これまでとは違う新しいことにチャレンジできるチャンスと考えています。

国は再生可能エネルギーの買い取り価格を設定しましたが、政権交代で、来年からは価格を見直し安くするという話も出ています。

これ以上、次の世代に負の遺産を残したくないと、私たちはエネルギー政策の転換を進めていますが、国が原発再稼働の方向へ舵を切るのだとしたら、私たちが被った被害は、なかったものとして葬り去られることになりかねません。

私たちは、意地を張っているわけではありませんが、ここで生きていくためには、以前の原発依存の方針から転換しなければなりません。そして、新しい方向にチャレンジしていかなければならないのです。

◆不安解消のために情報の共有化を

残念ですが、放射能について、私たちはいままできちんと学習させてもらえずにきました。なので、年間一ミリシーベルトでも危ない、一〇〇ミリでも大丈夫など、実にさまざまな見解が世の中にあふれているなか、市民は不安を抱えて右往左往させられています。

市民を安心させるためには、ほんとうに科学的な知識とは何か、被曝とは何か、被曝をすることによって何がどうなるのか、そういうことをすべてみなのもとに明らかにしつつ、共通した基準で教育を徹底させることが必要です。

南相馬市では除染の目標を、国が出した年間被曝線量基準である一ミリシーベルトに設定しています。空間線量としては、時間あたり〇・二〜〇・三マイクロシーベルト以下を目標に除染を進めていきます。

ただ、山際の比較的線量が高かった特定避難勧奨地点のような場所で、一マイクロを超えるようなところでは、除染をしても〇・五マイクロ以下になるようなところはあまりありません。除染しても〇・五マイクロまでしか下がらないところが実際にはあります。また、〇・一マイクロくらいのところも除染するべきなのか、という思いもあります。しかし、除染は面的にやる、としてきましたので、今後もそのように進めていきます。試行錯誤を繰り返しながら、できることを最大限やっていくしかないのです。

新年度からは、市独自でモニタリングポストを設けることにしています。また、GPSで線量を受信できるようにもします。

一八歳以下の子どもたちには、年に二回、ホールボディカウンターの検診を受けてもらうようにしました。希望する人には、大人にもガラスバッチを配っています。

野菜を含めた農産物食品の検査機器も増やしていきます。自分たちが必要と思うときに、食べ物であれ水であれ土壌であれ、検査したいときにはいつでも検査できる体制を整えていきます。

南相馬市に来れば、誰でも、あそこの線量はいくつだと視覚でもわかるようにすることが、少なからぬ安心につながっていくと思っています。

「南相馬災害エフエム」（現南相馬ひばりエフエム）や、二月一二日から一般放送が始まった「みなみそうまチャンネル」などの地域のメディアを通じて、仮設住宅や避難所を中心に市からの情報をお送りしています。

必要なことで自分たちでできることは、積極的に進めていきます。また、このまちの人たちがこのまちに貢献できるような制度も、市の単独ででも積極的につくっていきたいと考えています。

◆被災したからこそ、チャレンジする

自治体や民間の支援、子ども支援や仕事づくり、地域づくりなど、いろいろな人たちが南相馬市へ支援をしてくださっています。

北海道から沖縄まであらゆる自治体とのつながりができています。子どもたちも南相馬の外を見る機会が増えました。修学旅行ではとても経験できない場所へ、ポルトガル、オーストリア、イタリア、アメリカにも子どもたちは招待されています。いままで経験できなかった交流が拡大しています。

南相馬市の新たなまちづくりを進めていくには、さまざまな人たちとの連携が必要です。政治的にも民間のレベルでも、交流が広がることで、いままでにはない産業づくりなど経済的な面でも広がりがでてくるでしょうし、人びとの心のステージアップもできるでしょう。

自分たちだけでは思いもよらなかった新たな考え方ができるようになってきています。南相馬市だけの内向きの発想ではなくて、多くの人と関わることで、また、私たちがこういう負の事態に直面したからこそ、震災を経験する以前とはまた違う、新たなことを始めるチャンスが得られたのだろうと前向きに考えるようにしています。

私たち南相馬市にとっては、「脱原発を目指す」とは、みんなが新しいことに挑戦しても負荷のない社会に向かって進めるような環境をつくろう、という一つのメッセージです。

私たちは、生きているこの短い時間のうちに大変な経験をしました。こんなことが二度と起こってはならないと、南相馬のみなさんは考えています。

被災したからこそ、世界の人たちや日本の人たちとともに、これまでとは異なる「原発に依存しない世界」を迎えることができるのではないか、南相馬市には、それに向かってチャレンジできるステージがあるだろうと思います。

いろいろな人達とともに、チャレンジしていくことが、これからの若い人たちを勇気づけることにもなるでしょう。

根本良一

福島県矢祭町・前町長

原発マネーより、まずは行財政改革を

――「合併しない宣言」の町からの提言

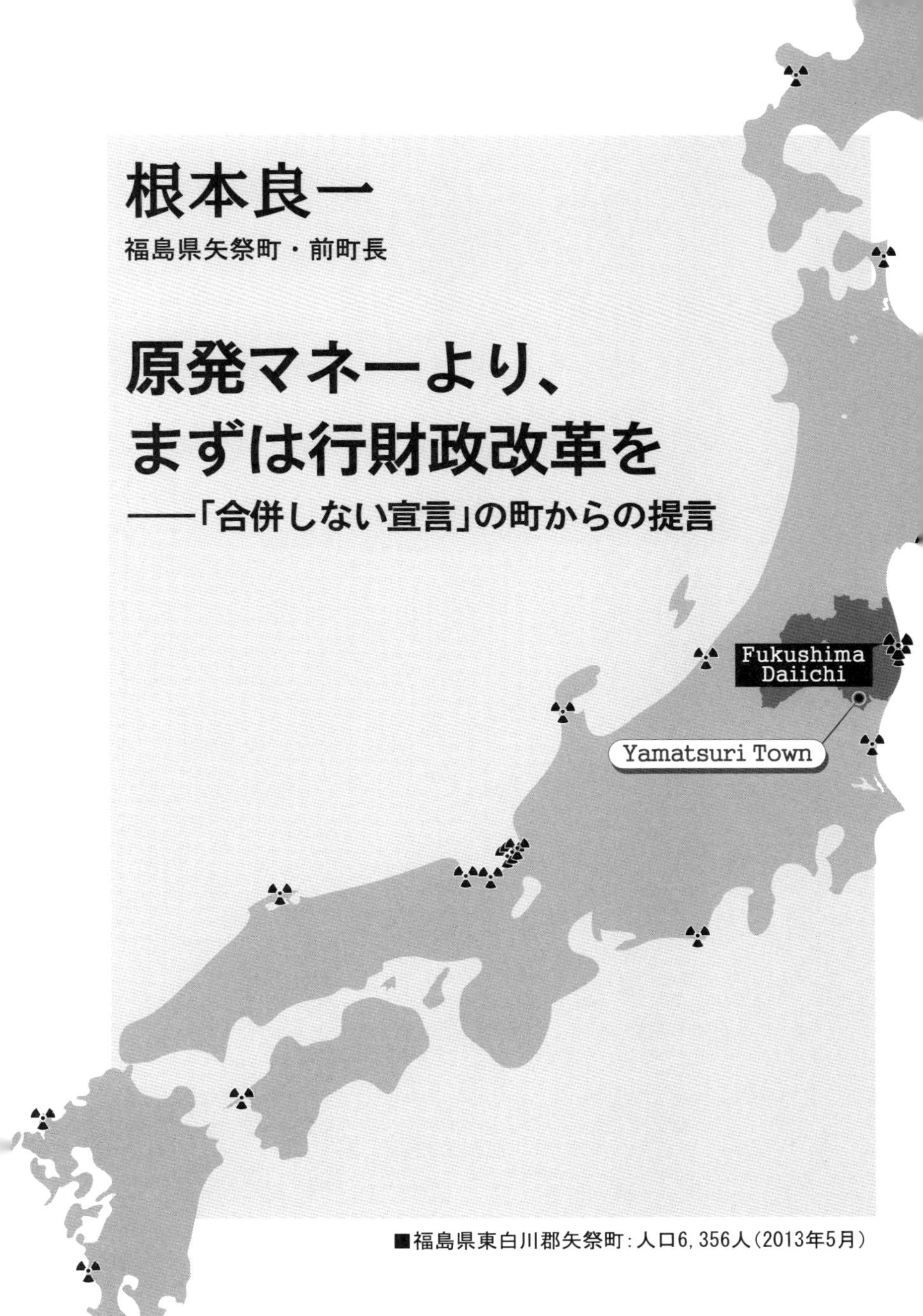

■福島県東白川郡矢祭町：人口6,356人（2013年5月）

〈プロフィール〉

ねもと・りょういち

1937年生まれ。福島県矢祭町出身。
1956年、学校法人石川高等学校を卒業。家業の家具店を継ぐ。
1983年４月～2007年４月、矢祭町町長（６期24年）。
福島県町村会副会長、東白川地方町村会長などを歴任。

著書

『合併しない宣言の町・矢祭』、『元気な子どもの声が聞こえる町をつくる―矢祭町＝「合併しない町」の地域自立設計』
（ともに共著／自治体研究社）他

◆科学技術をどう使うか、責任をとるのは政治の役目

原子力発電を続けたほうがいいか、失くしたほうがいいか、という問題ではない。これだけの事故があったのですから、原発を止めた後どう生きていくかを議論すべきです。人間は、科学と技術の開発を進めてきました。その進歩は素晴らしいことですが、つくってはいけないものまでつくってしまった、それが原発だ、と今は考えています。また、原発もひとつの機械にすぎません。必ずいつかは壊れます。壊れたら、国家の存亡にかかわります。将来起こるかもしれない予測される危険に対して、判断をあやふやにしてはいけません。

原発を止めれば立地自治体の雇用や財政が立ち行かなくなる、と主張する人もいますが、原発事故はそんなレベルの問題ではありません。放射能は人間にはコントロールしきれないことが今回の原発事故で明らかになったのですから。

科学技術が発展するのは素晴らしいですが、科学者は研究するだけです。科学の成果をどう利用するのか、どこの方向へ進めていくのか、どこの領域には踏み込んではならないのか、を決めるのが、政治の役目です。

そして、これだけの原発事故を起こした以上、原因者は刑事告発されるべきです。東京電力なり、原子力安全・保安院なりの責任者を裁判にかけ、責任を明確にすべきです。検察は世論が動けば動きます。世論が無関心では動きません。

◆「仮の町」でなく「第二の町」を

双葉町の井戸川克隆さん（前双葉町長）が「三〇年は町には帰れない」と言われましたが、それは正しい判断だと思います。

除染といっても、実際には自宅の周辺だけでも大変です。田んぼも畑も何もかもはとても除染できません。

マスコミのアンケートによると、双葉郡のおよそ四〇％の人たちが「帰らない」と答えたと言います。「帰らない」と答えた大半が、四十代以下の若い人たちです。子どものために帰れないのです。「帰らない」というのは正しい判断だと思います。

「仮の町」をつくろうという話がありますが、私は「仮の町」ではなく、国が、本物の町、「第二の町」をつくるべきだと考えます。

私は、佐藤雄平福島県知事に、福島第一原発の事故で避難を強いられている双葉郡と飯舘村の人々に、「第二双葉町」「第二飯舘村」といった「第二の町」をつくってあげたらどうか、矢祭町もそのうちの一つを引き受けます、と自分の考えを話しました。

矢祭町からはセシウムがまったく検出されていません。矢祭町には一〇〇ヘクタールほどの町有地があります。そこに原発事故で故郷に帰れない双葉郡の町村の第二の町をつくることができるのでは、と考えました。耕作放棄地もありますから農業ができます。幼稚園、小学校、中学校もあります。病院、銀行、郵便局、道路を新たにつくっても、「第二の町」は、一町村につき一兆円ほどで可能だと思います。除染のための予算をこちらに使えばいいのです。

双葉郡の「第二の町」を矢祭町につくろう、と言えば、「なんで、この平穏な俺たちのまちに、新しいまちをつくらなければならないのか」と、矢祭町民から批判も出るでしょう。

しかし、福島の原発で事故が起き、土地が放射能に汚染され、少なくとも三〇年は故郷に帰れない、こんなことは、国の歴史始まって以来のことです。デメリットを挙げることから始めるよりも、同じ福島県の自治体の一員として、故郷に帰れない人たちのために覚悟をしないことには何も始まりません。

他人の不幸につけこんで、矢祭町が潤うことはあってはなりませんが、福島県内でセシウムが検出されない土地が矢祭町にはたまたまあったのです。これを利用したらどうか、と県知事にも話したわけです。

しかし、県知事は何を勘違いしたのか、福島県庁に行った際、総務部長から「知事から聞いたのですが、矢祭町でガレキを引き受けてくれるそうで……」と言われ驚きました。まったく理解してもらえませんでした。

◆除染の前に、放射性のゴミの処分場の確保を

福島県知事にはもうひとつ、放射能に汚染されたゴミを管理する場所をきちんとつくるべきと提案しました。放射能で汚染された双葉郡は、私はもう人間は住めないと思います。なので、国がその土地を買い上げて、福島第一原発で出たガレキを、鹿児島県の大隅半島のようなところまで持っていくのではなく、双葉郡に置くべきだと言いました。除染で出たゴミを各家の片隅に埋めたりしているようですが、除染で出た汚染水には、きちんとした保管場所が必要です。

福島県の南にあたる北茨城の海は豊潤な漁場でしたが、放射能の事故の影響がいまだに抜けません。あんこうの産地でしたが、いまだに食べることはできません。

除染をして人々を元の土地へ戻そうと国は促していますが、子どものこと、また放射能汚染されたゴミ、除染で出る汚染水の処理のことを考えると、これ以上、人間も土地も海も汚染させないように、政治は決断をしなければならないと思います。

◆自治体は金に惑わされずに、謙虚に

日本の沿岸には原発が五四基も並んでしまっていました。さらに、青森県の大間にもつくろうとしています。

大間には原発建設に反対して土地を売らずにがんばっていたおばあさん★1がいました。

★1）熊谷あさ子さん（1938-2006年）のこと。大間原発建設予定地の地権者。建設予定地の中の自身の土地に「あさこはうす」を建て、土地買収を拒否し続けた。2006年に亡くなった後は、娘さんの小笠原厚子さんがその遺志を継ぎ、反対運動を続けている。

カネを山と積まれても、おばあさんは自分の土地から決して動かなかった。それで、電源開発㈱はしかたなく炉心の建設予定位置をずらしたと聞きました。

人間は自ずから謙虚でなくてはなりません。あまりにも二〇世紀は自然を征服しようとしすぎました。二一世紀は、人間は謙虚になって自然と共生し、自然に教えをこうように態度を改めなければなりません。

原発でこれだけの事故が起きたというのに、原発を止めることもなく、再生可能エネルギーを増やそうという努力もしない。再生可能エネルギーを増やすにはコストがかかる、原発を止めると、電気代が上がると、カネの心配ばかりしています。

自然豊かな六ケ所村に再処理工場を作り、さらに大間にも原発をつくろうとして、原発のゴミを鹿児島の大隅半島へ持っていこうとしている。

これ以上、カネに惑わされて故郷を汚染することのないよう、太陽光でも風力でも地熱でも、再生可能エネルギーを増やす方向へ努力すべきです。次に原発が爆発したら、日本の国はなくなってしまいます。

原子力発電所の立地地域は、なぜ過疎地なのでしょうか。なぜ東京湾岸につくらないのでしょうか。過疎地に企業として誘致したといいますが、危険なので都心にはつくらないわけです。

しかし、どこの立地自治体も原発のことを神様だと思っています。原発建設を容認すると特別交付金が入ってきます。そうすると地方交付税が入ってこなくても、財政力指数は「一」以上になります。「一」を割ると、地方交付税法の適用自治体になるわけです。財政力指数が「一」以上であれば、交付税は配分されません。

福島第一原発が建設されるときの東電の社長・木川田一隆さんは、「電力の鬼」と言われた松永安左ヱ門さん（電気事業再編成審議会会長）に引き入れられて電力業界に入りました。木川田さんがなぜ福島に原発をつくったのか、それは彼が福島出身だからです。これで浜通りは一生食べていける、原発特別交付金で金は入ってくる、雇用の場もできた、というわけです。

しかし、原発をつくらないと雇用の場が確保できないとは、異様なことです。命や健康と引き換えでないと仕事が得られない、極端に言うとそういうことです。そんな危険な職場でなくても、自治体が知恵を絞れば住民が生きていける方法はあります。

原発の特別交付金がじゃぶじゃぶと入ってくるからこそ、立地自治体も際限なく贅沢をするようになるのです。今度はこういう施設を建てよう、次はこんなことをしよう、とお金を使うことがおもしろくてしようがなくなるのです。

◆町民のため、郷土のための行財政改革

矢祭町では、「平成の大合併」の際、合併しないと宣言しました。[★2] 矢祭町では「昭和の大合併」の際、合併に賛成・反対で町を二分する争いがおき、それが一つの禍根とな

★２）2001年10月「市町村合併をしない矢祭宣言」

って長く町に残っていたということもありますし、そもそも平成の大合併は、国の財政危機の地方へのしわ寄せでした。矢祭町は、貧しくとも自存自立の道を選びました。

政府・総務省は、とくに人口一万人未満の小規模町村に対し、地方交付税の削減策で合併に追い立ててきました。人口七千人ほどの矢祭町は、地方交付税の削減を覚悟し、行財政改革をしました。節約に節約を重ね、他方で、住民へのサービスの質はできる限り向上させました。

町長室に急須と茶碗を持ち込んでお茶は自分で入れるようにし、公用車は町民から譲っていただいた中古のセンチュリーに一四年間乗りました。

庭はきやトイレ掃除は職員自らがやり、係長制を廃止し、三四人いた嘱託職員は辞めてもらい、その仕事は職員自身でやるようにして、電話交換手も各課対応に切り替えました。「合併しない宣言」当時は、正規職員一〇八人と嘱託職員三四人、計一四二人だった職員数を、正規職員八〇人ほどにしました。これで人件費が三億円ほど安くなりました。職員の一人当たりの人件費は、退職積立金などを含めて年平均八六〇万円です。一人一人の給与は下げないで、職員の数を減らし、総人件費を下げ、正規職員がやるべきことをやるようにしました。議員の人数も減らし、報酬は日当制にしました。

役場の窓口は、平日は朝七時三〇分から夜六時四五分まで、土日・祝日・元日は朝八時三〇分から夕方五時一五分まで、年中無休で開けることにしました。

また、一人暮らしのお年寄りはなかなか役場までは行けないので、職員の自宅でも、各種料金の納入や届出、証明書など発行手続きができるようにしました（出張役場）。

第三子誕生の際には一〇〇万円、第四子には一五〇万円、第五子には二〇〇万円のお祝い金を出し、幼稚園も保育所も朝七時三〇分から夜六時四五分まで〇歳児を含めて子どもを預かり、延長料金はとらずに、保育料は半額にしました。一生懸命に節約をして浮いたお金は、子どもを産み育てるために使うことにし、出生率は一・七まで上がりました。財政力指数も〇・二から〇・四くらいになりました。

矢祭町は良いと思えることはすべてやりました。「良いこと」の基準は何かというと、役場のため、職員のため、ではなく、まったく町民のため、郷土のためです。

先日、東海村の村上達也村長と話す機会がありました。村上さんは「東海村はキリギリスだったんだよな」と言われました。私は、村上さんは東海村の位置がよくわかっておられる、素晴らしいと思いました。原発立地自治体は、みんな『アリとキリギリス』のキリギリスです。夏中、楽して快楽を貪っていながら、いざ原発が爆発すれば、どうしようかと右往左往しています。

国全体にお金がなく、借金まみれの現状ですから、地方自治体も、できる限りの自助努力をして、原発を止めてもやっていけるような財政運営、まちづくりを心がけることが求められていると思います。矢祭町はできたのですから、その気になれば、必ずできるはずです。

笹口孝明

新潟県巻町・元町長

住民投票で示した「原発いらない」の意思

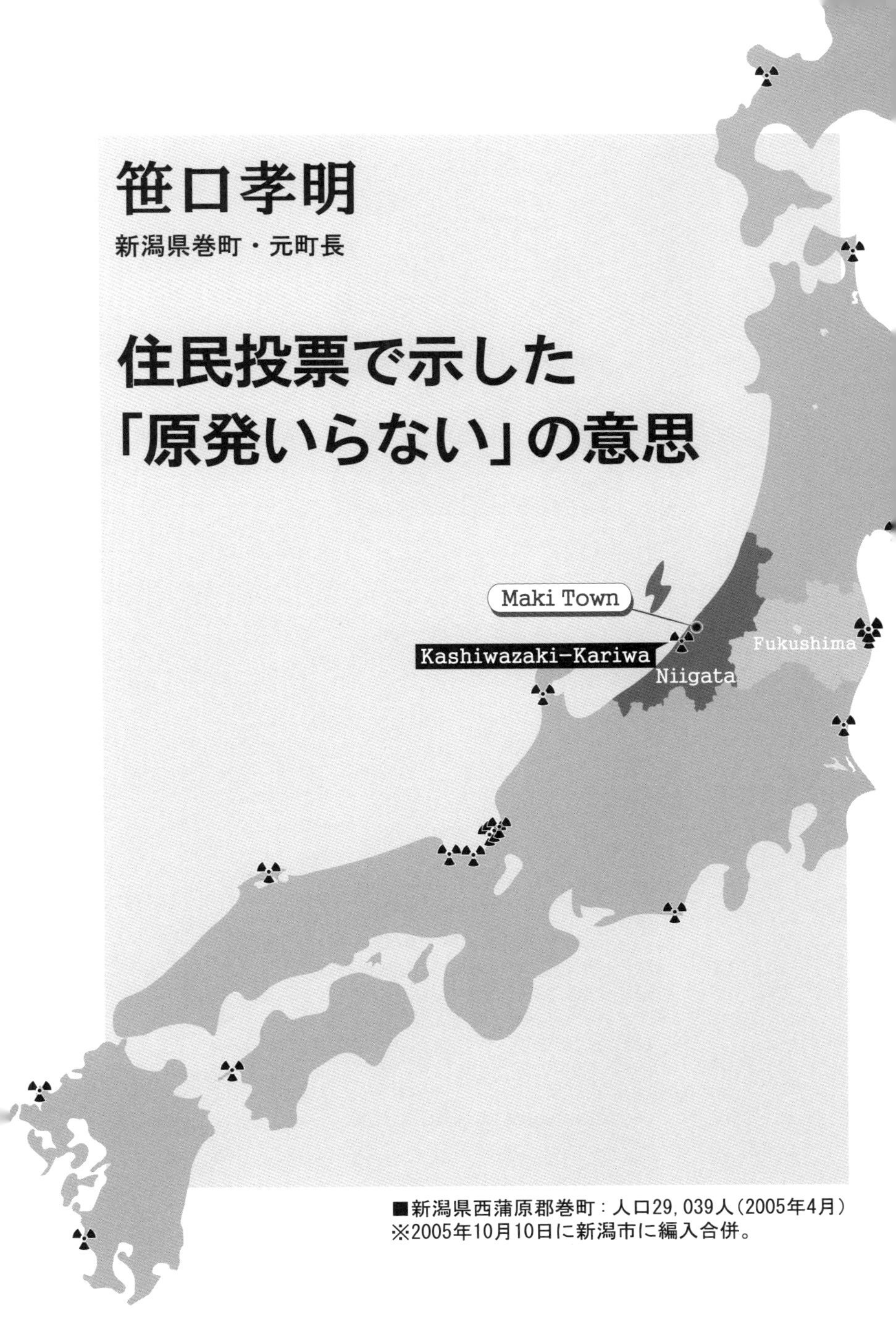

■新潟県西蒲原郡巻町：人口29,039人（2005年4月）
※2005年10月10日に新潟市に編入合併。

〈プロフィール〉

ささぐち・たかあき

1948年生まれ。新潟県巻町（現・新潟市）出身。
1970年、明治大学経営学部卒業後、笹祝酒造株式会社入社。
1994年10月、同志と「巻原発・住民投票を実行する会」を立ち上げ、
同時に代表に就任。住民自主管理の住民投票、町長リコール署名運動
を起こした後、1996年１月、新潟県・巻町長に就任。
1996年8月4日、日本初の住民投票「巻原発・住民投票」を実施。
2004年、巻町長２期目の任期満了により退任。
現在は笹祝酒造株式会社社長。

◆はじめに

一九六五年、東北電力は、ダミーの不動産業者を使い、大型レジャー施設をつくるという名目で角海浜《かくみはま》の土地の買収をはじめ、巻町民は、六九年六月の「新潟日報」のスクープで原発の建設計画を知ることになりました。以来、一九九六年に住民投票が行なわれるまでの二十七年間、巻町では原子力発電所の建設をめぐる賛否両論のせめぎあいが続きました。

一九九四年一〇月、私は仲間とともに「巻原発・住民投票を実行する会」(以下、「実行する会」)を立ち上げ、一九九五年一月二二日から二月五日にかけて、巻原子力発電所の建設の是非をめぐって、町民による自主管理の住民投票を行ないました。結果は、原発建設反対票が九五%を占めました。

しかし、当時の佐藤莞爾町長はこの結果を無視し、巻原発建設予定敷地内の町有地を東北電力に売却しようとしました。売却に失敗の後、町議会選挙を経て「住民投票条例」が成立しました。私たちは、町長が再度、町有地の売却をしないようにリコール運動を起こし、その結果、町長は辞任しました。

その後、私は一九九六年一月に町長に就任し、二期八年間務めました。町長就任後の九六年八月四日、巻町は日本で初めて自治体として住民投票を行ない、原発建設の民意を町民に問いました。

私たち「実行する会」の起こした運動は、原発に賛成の運動でも反対の運動でもなく、「住民にとって大切なこと・重大なことは、住民みんなで決めよう」という運動でした。

町に原子力発電所ができるかどうかは、町の将来、住民一人一人の将来、あるいは子や孫の将来にとって極めて重大なことです。そのような重大なことは、住民の総意に基づいて決めるべきだ、民主主義の原点に立ち返り、主権者である住民の意思を確認すべく住民投票を行なおう、その結果に基づいて建設するかどうかを決めよう、というものでした。

◆関心は高いが、口には出せない原発問題

当初巻町では、原発を推進する人たちとごく一部の反対派以外の一般住民は、原発についてはあまり公の席で話をすることはありませんでした。しかし、原発反対派団体も、東北電力をはじめとする原発推進側団体も、折に触れて原発に関するいろいろな情報を載せたチラシを町内にまいていたので、町民は原発に関する情報を自然と得ていました。

それに町で原発問題を抱えていますから、週刊誌や新聞に関連する記事が載れば、巻

町民は熱心にその記事を読んだと思います。また、その間に起きたスリーマイル島やチェルノブイリでの原発事故、阪神淡路大震災や東海村のＪＣＯ臨界事故、福井県の「もんじゅ」のナトリウム漏れ火災事故などを町民は関心をもって見ていたと思います。

巻町の大方の原発推進側の考えは、原発は安全か安全でないか、とかいう議論以前に、これは国の政策だから、国策だからつくったらいい、ということだったと思います。建設業者は、原発をつくるとなれば町に仕事が舞い込むだろう、商店の一部は、売上が増すのではないか、当時の町長さんや多くの議員さんは、原発をつくれば町にお金が入ってくるという期待感をもっていたと思いますが、町にお金が入ってくるから体育館やプールなどいろいろな施設をつくりたいと願う町民は、さほど多くなかったと思われます。私自身は、原発は高度に科学的なものだろうから、われわれ素人には安全か安全でないかはなかなか判断がつかない、ですから、専門家がよく研究した上で、われわれに原発についてきちんと知らせてほしいと考えていました。

原発反対の学者と賛成の学者の両方の主張はかみ合ってはおらず、どうも反対の学者の意見を、賛成の学者はまともに受けて反論していないなと思って見ていました。それに、いわゆる放射能のゴミ、使用済み核燃料の後始末の問題性についても、賛成側の学者は反論しない。抽象的に安全だと言うだけで、危険を訴える人に対してまともに答えていない。イメージ先行だなという印象をもっていました。

では、私は原発反対論者かというと、そうでもありませんでした。科学的にまったく安全なものであれば動かしてもいいのではないか、ただまったく安全だという確証は得られないな、というのが当時の私の考え方でしたし、疑問を感じてはいましたが、一般の巻町民と同じように、原発に賛成か反対かということは、公の場で口には出しませんでした。

◆町長選挙と原発建設

一九七一年五月、東北電力は巻原発建設計画を公表、一九七七年一二月、巻町議会は建設同意の決議を行ない、一九八二年に東北電力は巻原発一号機の設置許可申請を出しますが、土地取得に難航して動きは止まり、安全審査も中断しました。

同じ新潟県の柏崎刈羽原発と巻原発はほとんど同時に建設話が出たわけですが、柏崎刈羽では何基も原発が建設されていくなか、巻町は一基もできない。その原因は土地取得が難航したためでした。

東北電力は、建設計画地のうち、反対派の「一坪運動」の人たちが所有していた土地とお寺の土地を買い残していました。お寺の土地は、お寺と町で所有権をめぐって裁判になっていましたが、私の前の町長である佐藤莞爾町長の二期目のときに、巻町の所有ということで決着しました。

一方「一坪運動」の土地は原発予定地の端だったので、東北電力はそれを切り離して建設予定地を変更しました。巻町がお寺と争って取得した土地は炉心部分でしたので、巻町のものと決着すれば、町長も町議会も原発推進派ですから、これで巻町に原発はつくられるという雰囲気が出てきたわけです。

それまでの巻町の町長選挙では、原発推進派の候補と、原発問題には慎重に対処する候補との、保守系同士の主導権争いみたいなものが続いていました。両候補とも原発推進なのですが、原発反対の住民の得票が選挙の勝敗を左右するため、「慎重派」が有利になるのです。

現職町長は二期目になると、一度当選して安心しているので「原発推進」を訴える。対立候補は、票を増やすために社会党を巻き込む。社会党は原発反対なので、対立候補は「原発慎重」となる。そうやって推進派と慎重派が争い、一期交代で常に慎重派が勝つ、ということが続いていました。

私の前の町長の佐藤莞爾さんが二期目の町長選挙のときは、前回、原発推進を訴えて佐藤さんに負けた元町長さんが、今度は社会党さんと組んで、原発慎重を訴えた。それに対して佐藤さんも原発慎重を訴えて再選を果たしました。

その次の町長選挙のときには、お寺と争っていた土地は町の所有との決着がついていたので、佐藤町長は、「私には世界一の原発をつくる義務がある」と議会で発言してから選挙戦に突入し、一九九四年八月に、佐藤さんが三選を果たしました。

これで原発建設が既定路線となって急に動き出しそうな雰囲気になってきたわけですが、同時に佐藤町長に対して、町民は本当に原発建設の同意を与えたのだろうか、という疑問も出てきました。なぜなら、原発慎重派候補と原発反対派候補の得票数を合わせると一〇六二七票で、佐藤さんがこの選挙で獲得した九〇〇六票を上回っていたのです。

かつての選挙ではいつも慎重派が勝ってきた経緯もありますし、佐藤町長は、議会では原発推進を宣言しましたが、実際の選挙戦では、町民から原発のことを聞かれてもまともに答えないで、「おれっていう人間を信頼してくれ、悪いようにはしない」と争点回避をしていました。

当選して間もなく、「私は原発推進で支持を得て町長になった」と佐藤町長が言い始めると、佐藤さんへ票を入れた人の中には「騙された」という人も出てきました。

町長選挙は、候補者の人間性や政策、人間関係など、さまざまな要素がからむものです。町政の担当者としては佐藤莞爾さんが適任者だと町長選で示されたのかもしれない。しかし、原発建設というこの町に百年に一度起きるか起きないかという重大な事柄については、この町の主権者である町民の考えをこの問題単独で聞くべきだ、と私たち「実行する会」は考えたわけです。

◆住民投票——「お願い」でなく、自分たちで実行

「実行する会」では、町に原発建設の是非を問う住民投票の実施を求める、しかし、

町が実施しない場合は、町民の総意を結集して、町民自主管理による住民投票を実行しようと決めました。

行政に何かをやってくれとお願いする会は多いけれども、自分たちでやるんだと言って、本当にやった会は珍しいと、後日、何かの折に新潟大学の先生に言われたこともあります。

私も含めてそれまで政治活動をしたことのない商工業の経営者六人と弁護士一人、合わせて七人が、まずは一人百万円ずつ持ち寄り、プレハブの事務所を構え、常駐の事務員を置き、投票会場としての体育館も確保しました。

町長とは一一月二日に会見し、町として住民投票を実施するよう、また実施しない場合には立会人の派遣など自主管理の住民投票への協力を要請しましたが、一週間後に町から、条例がないので住民投票はできない、立会人の派遣など公費の必要なことはできない、と拒否の返事が届きました。

私たちは、町から返事がくるとすぐさま記者会見を開き、「町民で自主管理の住民投票をやります」と発表したのです。

最初にプレハブ事務所を建てたのは、事務所もあって常駐職員もすでにいれば、本当にやるんだ、と町民にアピールできると考えたからでした。

記者会見の時は、主要なメンバーが並びました。そうすると町民にも、ああ、この人たちがやるんだな、と知ってもらえる。チラシにも、知っている名前が載っているとなれば、いままで原発について口にできなかったけれども、この人たちは勇気を出して「原発についてみんなで決めよう」と立ち上がったのだなと、一人でも知った顔でも名前でもあれば、町民にわかってもらえるわけです。

マスコミとは一つのルールをつくりました。事務所への立ち入りは自由。私たちの会議に同席することも自由。会議では、笹口はこう言っているけど、みんな、どうする？という調子で、代表だからといってみんながそれに従うような団体ではないということを、マスコミは全部見ていました。

ただ、いっしょに活動したいという人のなかには、テレビのカメラや新聞の写真には写りたくないという人もいるので、ここは写真を撮ってもいいが、こっちはだめと、区域を区切って、そこはマスコミに約束してもらいました。

結果論として、透明性や公平性が保たれたといえますが、私たちはそんなことは考えておらず、ただオープンにしていただけです。みんなで決めようと言っているのに、隠さなければならないことは何もありませんから。

◆原発賛成・反対、両派の動き

私たちの運動に対して、原発推進側は、投票ボイコットを呼びかける運動をしました。

黙っていれば自動的に原発をつくれるのに、住民投票となれば、ハードルがひとつ上がることになると考えたのでしょう。「国の政策を一地域の住民が決めていいのか」とか、「住民投票は議会制民主主義を破壊する」とか、「住民投票をすると町が混乱して、町民が割れる」などと彼らは主張していました。

また、原発反対運動の人たちはといえば、私たちの運動は原発賛成運動でも反対運動でもなかったのですが、メンバーには商売人が多かったので保守系と見られて、「原発を推進したい人たちがこの際一挙に決めようとしているのではないか」と疑ったり、「住民投票をやるとこれまでの反対運動がご破産になるかもしれない」などと思ったりしていました。

しかし、私たちの主張が伝わると、それまでの反対運動は町民に受け入れられていなかったのではないか、反対運動は一部の町民にとどまっており、必ずしも大多数の町民は耳を傾けてくれてはいなかったのではないかと、そういう反省から、住民投票をやって決着の場にしようと、六団体あった原発反対運動がひとつにまとまって「住民投票で巻原発を止める連絡会」をつくって、住民投票を支持してくれるようになりました。

結果として、推進派も反対派も、それぞれにシンポジウムや講演会をやり、チラシもどんどんまかれました。巻町で良かったのは、ネガティブキャンペーンが少なかったことです。両陣営とも、それぞれの主張を正面からお互いにぶつけ合ったのはよかったと思います。

当時は、住民投票や原発に関するチラシが、一日最低二〜三枚、平均四〜五枚、多い時で十数枚が、新聞の折り込みに入りました。新聞社、テレビ局からも連日のように取材されて記事になり、報道される状況が続きました。

当時、巻町の人口は約三万人。「実行する会」では、一回のチラシ折り込みにつき、新潟日報、朝日、毎日、読売の各紙へ、あわせて九八二〇部のチラシを刷りました。中古の印刷機を購入し、自分たちで原稿をつくり印刷し紙をさばき、各紙の営業所へ持ちこみました。

「実行する会」は、最初は七人から始まって、名前を出してもいいという人が三七人、最終的にメンバーは何人になったかはわかりませんが、常時二〇〜三〇人くらいが何かしらの手伝いに来ていました。

◆自主管理の住民投票

一九九五年一月二二日から二月五日までの一五日間、自主管理の住民投票を行ないました。

投票所として押さえていた町営体育館は、教育委員会によって使用許可を取り消されたので、事務所の隣のメンバーの所有する土地と、ある不動産屋さんから借りた空き地にプレハブを建てました。公民館でも、一度断られた後、これは町の将来がかかっている大事なことなんだと説得したら貸し出しに応じてくれたところや、区長が原発推進派でも貸してもらえたところ、区長が町議員で「俺の目の黒いうちは絶対に貸せない」と言われて書道教室を貸してもらったところもあります。

選挙管理委員会の協力を得て、投票箱を貸し出してもらい、有料で選挙人の名簿を入手し、有権者には投票所入場券を送りました。体の不自由な方や高齢で投票所に来るのが難しい方などのために、立会人を派遣しての出張投票や、投票所が確保できなかった地区では巡回投票も行ないました。

立会人は、弁護士、学校の先生、医師、地区役員さんなどに、開票の立会人は、元教育委員長さんや現職の選挙管理委員長さんの息子さんなどに、投票箱の管理は、裁判所や県庁の書類も預かる「押入れ産業」にお願いしました。

自主管理の住民投票に対して信用を得られるかどうか気がかりでしたが、疑いの声は町民からもマスコミ関係者からもありませんでした。

投票所は、朝七時から夜八時まで、雪の降る中、多くの町民が投票に訪れました。マフラーやマスクで顔を隠して、日暮れを待って投票に来る人、家族を投票所まで車に乗せてはきたものの、職場の関係などで自分は車から降りない人、子や孫のためと投票所に来られた年配の方もいました。

結果、投票率は四五・二四％、原発建設に反対が九八五四票、賛成が四七四四票、無効五〇票。原発建設反対票が全投票数の九五％を占め、町長選のときの佐藤町長の得票数（九〇〇六票）も超えたのでした。

◆住民投票条例の制定へ

この結果をもって、町長に、住民投票の結果を尊重してくれるように陳情に行くと、町長は「正規の手続きを踏んでいないものなので、町政とは関係ない」と応えました。ならば、住民投票条例をつくり、手続きを踏んで、正規の住民投票をやろう、となりました。

町長と面談をした翌日、東北電力は町へ町有地売却の申し入れをし、二月二〇日、町有地売却を審議する臨時町議会が招集されたのですが、ここに町民多数が押しかけ、機動隊も待機していましたが、議会は流会し、町有地売却は延期されます。

そうして迎えた四月の町議員選挙では、住民投票条例の制定が争点となりました。町議員選挙の際、「実行する会」は、立候補者全員に、住民投票条例に対するアンケートを取りました。アンケートに回答した人、回答しなかった人、回答者のうち条例制定に賛成の人、反対の人にまとめ、チラシにして全戸にまきました。どの候補者が条例をつくりたがっているか、町民みんなの意見を聞くことに賛成しているのか、町民に知ってもらおうと考えたのです。

選挙前は、原発推進派一六人、慎重派三人、反対派二人でしたが、選挙の結果、原発推進の現職議員五人が落選し、原発反対派と条例制定派は一二人、原発推進派・条例反対派は一〇人と、条例制定に賛成する議員が多数派になりました。

しかし、六月二六日の町議会で条例を採決する段階になって、賛成派議員二人が公約を反故にしたため、条例反対派一二人、賛成派一〇人と逆転してしまいます。議長を一人出すので一一対一〇でしたが、なんと採決の際に一人が書き間違えて、結果、住民投票条例（「巻町における原子力発電所建設についての住民投票に関する条例」）は可決されたのです。

◆住民投票条例の改悪と町長リコール

しかしすぐさま原発推進派が「条例改変の直接請求」をして、一〇月三日、「改正」条例案が可決されてしまいます。条文の「住民投票は、本条例の施行の日から九十日以内に、これを実施するものとする」の箇所が、「住民投票は、町長が議会の同意を得て実施するものとする」へと変更されてしまい、実質的に住民投票はやらない、ということになってしまいました。

さらに、住民投票条例には、「町長は、巻原発予定敷地内町有地の売却その他巻原発の建設に関係する事務の執行に当たり、地方自治の本旨に基づき住民投票における有効投票の賛否いずれか過半数の意思を尊重しなければならない」（第三条第二項）とあるにもかかわらず、一二月議会を前に反対派の人たちが町有地を売らないようにと要請した際、町長は「町有地売却と住民投票は関係ない」と発言しました。

それで、佐藤町長は一二月議会で町有地売却を再提案するだろうから、その前に町長のリコール運動を起こそう、町民の声を聞かない町長はこの町にはいらない、こんな町長には退任してもらおう、とリコール署名を開始したのです。

二〇日ほどの間に、町民の三分の一の七七〇〇人を超える一万二三二一人分の署名が集まりました。佐藤莞爾町長はその数字を見て、一二月一五日に辞職、保守派の説得にもかかわらず、次の選挙に出ないことになりました。

私はそのとき町長選挙には出るつもりはなかったのですが、仲間たちから推され、「ここで後ろ姿を見せてはいけない」と町長選挙に立候補し、一月二一日の町長選で当選を果たしました。

私は、住民投票を必ずやります、民意を確認します、と公約を掲げて当選したからには、田植え時期を外して半年以内がリミットだろうと考え、住民投票は七月七日に実施したいと議会に提案しましたが、否決され、逆に原発推進派から八月四日でと提案があり、それが可決されました。議会は条例反対派のほうが多数になったとはいうものの、これだけの流れがあると、住民投票をやらないことには町は収まりがつかない、と考えたのだろうと思います。

賛成派も反対派も、シンポジウムや講演会などいろいろなことをやってきましたが、賛成派と反対派が一同に会して論議する場がなかったので、それを一度、町の主催でやろう、と設定をしました。

私は直接介在しないで、助役があいだに立って両派で話し合ってもらい、それぞれに専門家と、意見を述べる町民代表を一人ずつ立ててもらいました。当日のコーディネーターは、両者納得の上で、フリーアナウンサーの方にお願いしました。また、会場の文化会館の入場人数は限られているので、来場できなかった人のために、当日の内容を冊子にまとめて、全戸に配布しました。

その上で、日本全国初の自治体による住民投票は、一九九六年八月四日に実施されました。

◆巻町の民主主義

私は巻町の町長として住民投票を迎えることになったわけですが、もし自分の意見とちがう結果となったとしても、それは受け入れようと考えていました。

住民投票の日、私は桂文珍さんが司会のテレビ番組に中継で出演したのですが、京都大学の先生は、「笹口さんが原発に賛成か反対かを明らかにしないのはおかしい」「政治を司っている人は必ず自分の考えを明らかにすべきではないか」と私に迫ってこられました。

私は、「巻町の町長は、原発賛成か反対かを明らかにしない、それが巻町の民主主義です。私がもし原発賛成です、でも住民投票をやりますと言ったら、町民は、町長は原発賛成なんだから、自分たちが反対票を投じても、最後は原発はつくられると思うに違いない。逆に私が反対だと言ったら、最後はやめるに決まっているのに、なんで自分たちが住民投票に参加しなければならないんだと、そう思うに違いない。巻町の住民投票は、町民が決めた方向にこの町は進むという約束の下で行なう、これが巻町流の民主主義です」と答えました。

住民投票の告示日には、町民に対してメッセージ（次頁）を出し、全戸配布しました。町民総意で町の将来の道を選択する必要があるということ、もう二十七年間も町民は原発のことに悩み続けているので、町民はすでに十分な判断力が備わっていると、そして、賛成多数であれば、原発建設の方向へ向かい、反対多数であれば、町有地は売却しないから建設は不可能になります、みんなで決めてくださいとメッセージを出しました。どういう前提で住民投票をやるのか、住民投票をした結果はどうなるのかを明確にしたのです。

結果は、投票率八八・二八％、原発建設反対票は六一・二二％。絶対多数が建設反対の意思を表明しました。

これを受けて私は、「町有地は売却しません。売却しなければ、原発の建設は不可能です」と宣言しました。

巻町民へのメッセージ

巻町民のみなさんへ

本日、巻原発の建設について、町民の賛否を問う『住民投票』を、平成８年８月４日に実施することを告示いたしました。

巻原発が建設されるか否かは、巻町にとって、また、町民にとって、きわめて重大なことであり、『住民投票』は、町民のみなさん、一人ひとりに賛否の意思表示の場を提供し、住民の意思を明らかにし、民意をもって、民主的な行政を実現する為に実施するものであります。

１．「住民投票の意義」について

地方自治にあって、きわめて重大な判断を必要とする場合、主権者であります町民自らの判断を仰ぐことは当然であり、町民総意で将来の道を選択する必要があります。

２．「町民選択」について

町民のみなさんは、巻原発の問題について十分な情報を得て、知識を養い、勉強してまいりました。また、27年間という長い時間をかけて、考えてきております。

熟慮の結果、一人ひとりが原発建設に関し、**十分な判断力がそなわっている**と考えられます。従いまして、町民のみなさんは、的確な判断をされると確信しております。

３．「住民投票の結果」について

主権者であります町民自らが、十分な判断力を持って示されました結論は、絶対といっていいほどの効力があります。

賛成多数であれば建設の方向に向かい、反対多数であれば町有地を売却せず、建設は不可能になることは当然であります。

主権者自らの判断が下された以上、今後の行政にあっては町長、議会もまた、その結論を重く受け止め、その意思に従っていかなければなりません。

以上、「住民投票」についての考え方を申し述べてまいりましたが、町の方向を決めるとても大切な「住民投票」であります。

巻町民のみなさん！

必ず、住民投票に出かけて一票を投じてください。巻町の将来は、巻町民、みんなで決めてください。

平成８年７月２５日（住民投票告示日）

巻町長　笹口孝明

◆住民投票は、住民アンケートではない

巻町にとっての住民投票は、この町の一番大事なことは、町長一人、あるいは議会の何人かで決めるのではなく、町民みんなで決めるという、住民・主権者による「最高意思決定」という性格をもつものだったと思います。

住民投票は住民アンケートではありません。いくつかの選択肢から選ぶものでもありません。法律上、町長にも議会にも「尊重義務」を課しています。尊重しないでいいということになってはならない。住民の意見をポイと捨てて別の決定をするのは許されないのです。それも、去年の住民の意思はこうだけれども、今年はこうだ、などということではなくて、それは世代交代が行なわれるまで生き続ける、そういう性格のものです。

ですから、大多数の住民がそのことについて問題意識と関心をもっていることと、十分に情報が提供されていること、そして十分な情報を得た上で住民が十分に考えるだけの時間があり、判断できる状況になっていることが大切です。

◆原発と地域経済

巻町の町民は、原発をつくれば地域経済が潤うとは限らないということを知識として知っていたと思います。

私は酒蔵の跡取りなのですが、若い頃、町の酒販組合のみなさんとともに原発のある宮城県女川町へ視察に行き、女川の商工会で酒屋さんに話を聞きました。そうしたら、

女川でも、最初はみんなでたくさん酒を売ろうと意気込んでいたけれども、だんだん売れる数も限られてきて、結局、酒の販売は私ひとりで引き受けています、とぼやかれました。それを聞いて巻町の酒の小売り組合の人たちは、「期待するほどいいものじゃないな」と、帰ってきて言っていました。

また、巻の町民で、原発マネーでつくられた柏崎市のプールを見てきた人は、あれだけの立派なすばらしい施設なのに、泳いでいた人は一人、二人しかいなかったと、「あれでは維持・管理費だけでも大変だろう」と言っていました。

私が町長のときは西蒲原郡の町村会で浜岡原発へ視察に行きました。浜岡町の入口に横断幕があって、「五号機をつくって町を活性化しよう」とありました。私は、四号機までつくったのに、まだ町は活性化されていないのか、と思いました。

原発に頼るということは、一基つくると原発マネーの病魔におかされて、二基、三基、四基と、町のほうからつくってくださいと言い続けなければならない悪循環におちいるということです。

そもそも巻町は、原発に頼った町政運営はしていませんでした。病院や文化会館の建設の際と水道予算には、任意寄付の形でもらってはいます。しかし、原発がくるなら病院も大きくしなければと、町は病院を大きくし、水道も延長し、必要以上の投資をしたために、水道と病院は赤字でした。

巻町の財政力指数は、新潟県内一一二の市町村のうち、県内平均よりかなり上位にありました。巻町は新潟市に近く、新潟市のベッドタウンの役割が一部ありますから、原発がないとやっていけない町ではありませんでした。

隣の岩室村も体育館や図書館をつくりましたし、西川町、中之口村、弥彦村も役場の庁舎を立て替えています。原発が来なくても、ほかの町村も立派に事業をやっています。

私が町長をしていた八年間でも、町の財政力指数をだんだんと高めました。箱モノはなるべくつくらずに、シルバー人材センターや訪問看護ステーションを立ち上げ、子育て支援センターやボランティアセンター、学童保育と、ソフト面の事業を展開しました。

国にも頑張ってもらわなければなりませんが、はじめから国に対して「何かしてください」ではなく、地方も工夫して自分たちで案を出して、国のバックアップが必要であれば求めていく、そういうことが必要ではないかと思います。

◆住民投票に反対する人たちの理由

巻町でも住民投票の際、住民間の分断、親族・家族間の分断はありました。しかし、だから住民投票をしてはいけない、ということはないでしょう。結論は、原発をつくるかつくらないか、二つに一つで、第三の道はないわけです。

「住民投票をすると溝が深まるからやらないほうがいい」というのは、どちらか一方が黙らされて、意見が押さえ込まれる、ものを言えない住民が増える、そういう社会が生まれるということです。それでいいのかどうか。多少のもめごとが起きても、それぞれが意見表明して、その集約で社会が動いていくほうがいいと思うかどうか、ということです。

また、「原発問題は国策だから一地域の住民が判断すべきではない」「住民には判断する能力がない」といったような「国策論」を持ち出したり、「愚民論」を出してくる人たちは、民主的な論議を封じ込める目的をもっていたように思います。

そもそも「国策」とは何でしょうか。原発に関しても、国民に問題提起がなされ、国民的な論議を呼び、そして国民的なコンセンサスが得られて、だから「国策だ」となったのでしょうか。

たとえ、国のほうでそういうことが行なわれたとしても、直接に影響を受けるその地域の住民とは、利害関係や思いは異なります。その地域で、問題提起、情報提供、論議がなされ、合意形成がなされて、初めて国策を受け入れるものなのです。

福島第一原発の事故後、東京、大阪、静岡、新潟の都府県議会で住民投票条例について審議がありました。新潟県議会でも「国策論」が大多数を占め、主権者である県民の声を聞かない選択をしました。私は「国策論」を持ち出す人たちの多くは、人々を黙らせることが自分たちの利益につながる、そういう意図をもっているのだろうと感じています。

巻町の原発建設をめぐる住民投票は、見方を変えれば、住民の手を離れてひとり歩きしていた政治を、再び住民の手に取り戻したといえると思います。

巻町民は、いろいろな情報を得て原発について実によく勉強していました。社会的立場や人間関係で悩んだ人も多かったろうし、辛いこともあったと思います。

しかし、一人ひとりの小さな勇気が大きな結果をもたらしたのです。巻町民は、自分たちの将来を自分たち自身の判断で決めたことに、誇りを感じていると思います。

※東北電力は二〇〇三年一二月二四日の臨時取締役会にて、正式に巻原発の計画断念を決定した。

保坂展人

東京都世田谷区・区長

エネルギー効率化と電力自由化で脱原発は可能だ

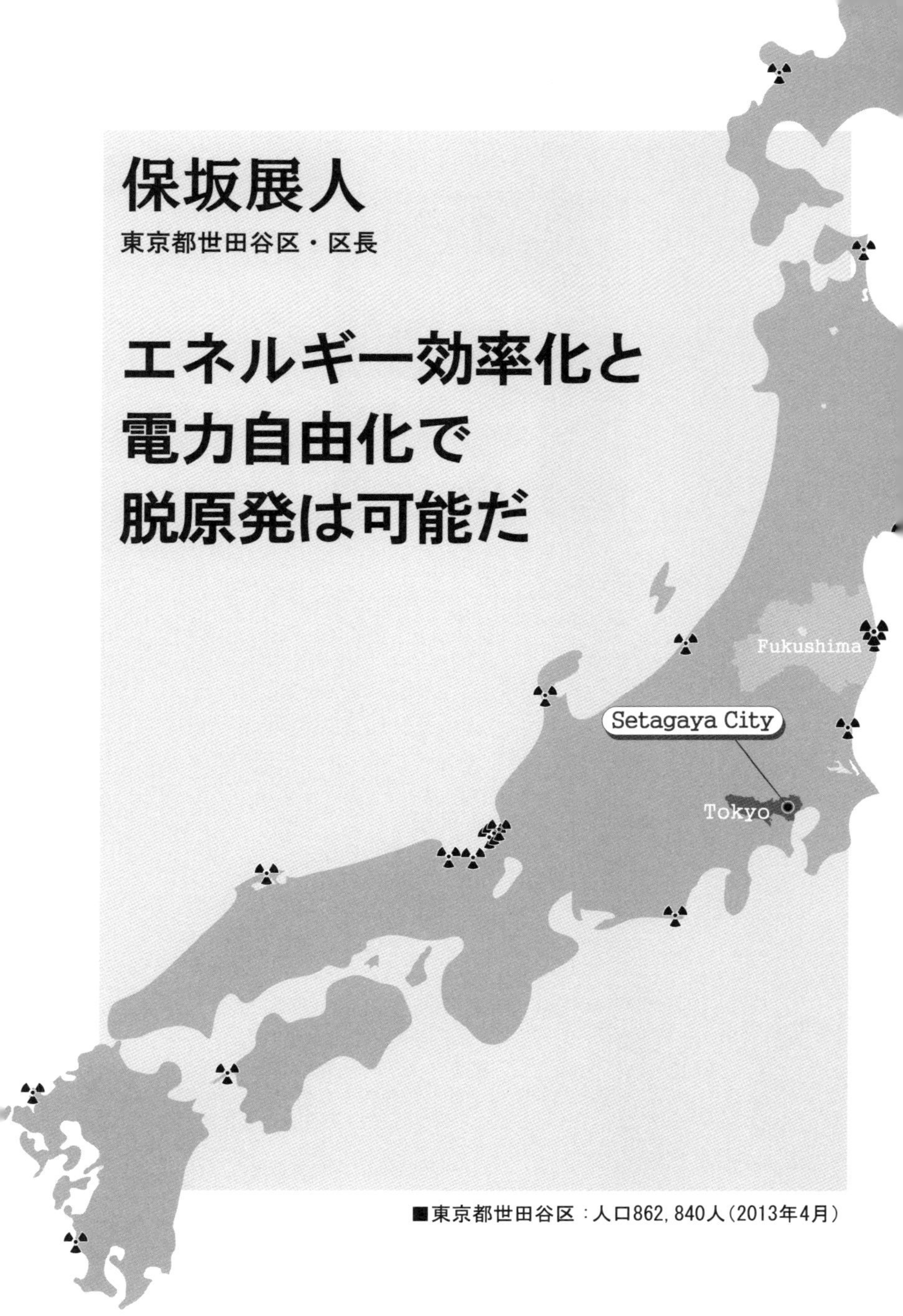

■東京都世田谷区：人口862,840人（2013年4月）

〈プロフィール〉

ほさか・のぶと

1955年生まれ。宮城県仙台市出身。
東京都立新宿高校定時制中退。
中学時代の政治活動の自由をめぐる「内申書裁判」の原告として、
16年間たたかう。
1980年代からジャーナリストとして活動しつつ、
市民運動にも取り組む。
1996年～2003年、2005年～09年、衆議院議員。
2011年４月、世田谷区長に就任。現職（１期目）。

著書

『いじめの光景』（集英社文庫）、『学校だけが人生じゃない』（結書房）、
『年金のウソ』（ポット出版）、『闘う区長』（集英社新書） 他

◆中越沖地震後の柏崎刈羽原発

二〇一一年三月一一日、午後二時四六分、グラッと大きな長い揺れ、地震だ、と思った次の瞬間、「原発は大丈夫か」と、すぐさま考えました。二〇〇七年の新潟県中越沖地震のときの柏崎刈羽原発のことが頭に浮かんだからです。

中越沖地震の直後、東京電力柏崎刈羽原子力発電所では火災事故が起きました。当時、衆議院議員だった私は、事務局長を務めていた「公共事業チェック議員の会」で、地震から三日後に柏崎刈羽原発の中に入りました。

そこで見たのは、原発の建屋の直下が陥没して生じた地割れ、原発敷地内の亀裂、使用済み核燃料プールから漏れ出た水、へし折れたクレーンなどでした。地震がもたらした被害の大きさに私は驚きました。

原発が地震によってこれだけの被害に見舞われていたこと、それらがどれだけ重大な事故であるかを、当時私たちは記者会見等で訴えました。しかし、記事が載ったのは一部の新聞だけでした。写真もあまり出ず、テレビではまったく報道されませんでした。

テレビ局の自主規制と電事連からの圧力の双方によるものと思いますが、報道されないばかりか、柏崎刈羽原発の事故は、原子力発電所が地震に強い証明として語られるという、逆さまの話にされてしまったのです。

原発は地震に弱い、事故は起こりうると、その危険性を私は以前から訴えてきたわけですが、福島第一原発でそれが現実となってしまいました。

◆南相馬市で見た原発事故の実態

「3・11」の直後からは、南相馬市と災害時相互援助協定を結んでいた杉並区が開始した救援活動の手伝いを、私の事務所が杉並区にあった関係で始めました。

震災から二週間後の三月二六日から南相馬市役所を訪問し、桜井市長にもお会いしました。放射能を恐れてドライバーが南相馬市に入りたがらず、物資が届かないこと、政府からも東京電力からも情報が来ないこと、政府は「避難しろ」と言っている一方で、一時避難していた住民が事業の再開などのために市内に戻り始めてきていること等々、「陸の孤島」とされた南相馬市の悲痛な実情を桜井市長から伺い、自治体と住民たちが不安と戸惑いの中にいる様相を直接見ました。

南相馬市から東京へ戻ると、世田谷区長選挙に出てくれという話を、これまで活動を共にしてきた市民の方々からいただきました。中越沖地震のあとの柏崎刈羽原発の実態が議論につながらなかったこと、南相馬市で見た原発事故の実情、そうした流れの中で、私は「脱原発」を掲げて世田谷区長選挙に立つことになりました。

◆電力は使用者側で調整できる

私が世田谷区長に就いた二〇一一年四月ごろ、原発に対する道は二つしかないと言われていました。つまり、原発を拒否してときどき停電する社会か、原発を動かして停電しない社会か、どちらを選びますか、と。

多くの人は、原発は怖いけれども停電も嫌だと、そういうふうに世論形成されていました。なので、二〇一一年の四月、五月は、原発は続けたほうがいいと考える人のほうが多数派でした。

いまだにどこでどう判断したのかわかりませんが、政府は「停電する、電力が逼迫する」と言って電力使用制限令を出し、使用制限目標を掲げて、クリアしないと罰金を科すと、実際に首都圏では計画停電も実施されました。

しかし、本当に首都圏が停電するような状況だったのかどうか、根拠となる生データは隠されたまま「停電するかも」とただ恐怖に脅かされる状況はおかしい。

そこで、私は東京電力に対して、世田谷区内の電力使用量のリアルタイムデータを開示してほしいと求めました。供給できる電力はどれだけで、時間単位ではどれくらいあるのか、供給能力と需要量の数字がリアルタイムでわかれば、停電の危機が到来した際に、緊急放送やメールで一斉に区内にいる人たちに知らせればいいと考えたからです。

ピーク時の使用量をカットできれば、電力危機は回避できますから。

これは東京電力側からすると願ってもない申し出だったはずですが、実際には、東電は「それだけは勘弁してください」と拒否し、メディアもそのことを十分に捉えられませんでした。

「3・11」以前、電力は欲しければ欲しいだけ供給するのが電力会社の責務で「この時間は少し使用を控えてほしい」と、需給量を調整するなんていう発想を電力会社はもっていませんでした。年に数時間のピーク時のためだけに、電力会社はどんどん発電能力を強化してきたのです。

今年二〇一三年二月にまとめられた経済産業省の電力システム改革専門委員会の報告書には、「3・11」の教訓として、需要側、つまり使用者・消費者の側で電力をコントロールしようという意識が出てきた、と書かれていますが、これはまさに世田谷区が言ってきたことです。

つまり、「節電、節電」と言われるのであれば、節電しなくてはならない根拠をみんなが理解してから節電しようと。そうすれば、需給調整の主権が使用者・消費者の側に移っていきます。しかし、「3・11」直後に行なわれていたのは、「節電しないと停電するぞ」という統制型の節電でした。

電力システム改革専門委員会の報告書はまた、これまで電力は、供給側の都合のみで考えられてきた、とも述べています。私も含めて、電力供給の問題や原発の問題は、国の政策の問題として「国としてどうするか」と供給サイドの目でしか見てこなかったし、自治体も「そういうことは国にお任せしています、私どもは何も申しません」という態度があったと思います。

いまでは、「電気の使用量がピークになる一時から三時は、なるべく公共施設に集まりましょう」と呼びかけている自治体が増えています。世田谷区も去年は「クールシェア」と名づけて区民に呼びかけました。

◆節電発電所

「日本の発電量の三割は原発によるものだ、だから、簡単には原発をなくすことはできない」と言われてきました。ならば、三割分を節電したらいいのではないか、そうしたら原発をなくせるだろうと私は考えました。（実際には、原発の占める割合は三割より低かったのですが。）

「脱原発」への一番のカギは、エネルギー効率を高めることだと思います。たとえば、区長室は、以前は一八本だった蛍光灯を、高効率のものへ付け替えて三本で足りるようにしました。また、区の第一庁舎全体の蛍光灯を付け替えたので、夏の最大使用電力は、三一％削減の節電になりました。もちろん、電気料金も下がりました。

エネルギーを作ることも大事ですが、エネルギーの効率化は、安い費用で簡単にできる「原発に頼らない暮らし」への転換方法です。

◆電力を選べる社会へ

世田谷区は、二〇一二年四月から庁舎や小中学校など区内一一一の施設で使用する電力を東京電力から購入することをやめ、ＰＰＳ（特定規模電気事業者＝新電力）からの競争入札に切り替えました。

これにより東京電力から購入した場合と比べ、二〇一二年度は約二九四〇万円の電気代が削減されました。二〇一三年度は、新電力への切り替えを区内一六三施設に拡大し、すべてを東電から購入した場合と比べて六六五〇万円の電気代が削減される見込みです。世田谷区から東京電力へ払われていた六億七千万円（二〇一一年度）が、東電以外の電力会社へ支払われることになったわけです。そういう自治体が増えていけば、地域独占できた大手電力会社も変わってくるはずです。

東電から新電力への切り替えについては、区民からの反響も予想以上にありました。「よくやった」という声に加えて、「自分もやりたい」と、個人でも電力を選択できないものか、という声が相当数ありました。

そこで、当時の枝野経産大臣へ、電力を選択したいという区民の声があることと、電力小売自由化を拡大すれば、小さい団地やマンションでまとめて新電力から電力を買うことができるのではないか、そのように制度を拡大していって最終的には、個人が選択をできるような形にしてほしいと要請しました。

既存の大手電力会社には、電力の自由化についてもまだ抵抗があるようですが、一方で、電力は誰のものか、電力会社のものなのか、消費者や使用者の声がこんなにも反映しない商品はほかにないのではないか、と疑問を抱く人が出てきています。これは、「3・11」後の電力をめぐる動きとしては大きなことだと思います。

しかも、原発を止めると停電だ、料金値上げだ、と脅される。大手電力会社と消費者とのこうした関係性は、「3・11」以後、変わらざるをえないはずでした。

今年（二〇一三年）三月二日に、生協、市民運動、事業者などが実行委員となって開催された「世田谷発、電力を選べる社会へ」というシンポジウムには、三五〇人が集まり、パネルディスカッションには、経済産業省資源エネルギー庁の担当者もパネリストとして加わりました。

このシンポジウムで発表された「電力自由化に関する意識調査」（対象者六六五人）の結果では、「電力自由化の推進」について「大いに期待する」が二八・一％、「期待する」が四五・三％、あわせて七割以上が電力自由化に期待を寄せていることがわかりました。

また、都内二千人の組合員を対象とした東京都生活協同組合連合会の調査では、八割近くが「電力会社を選んでもいい」と考えており、約四四％が「再生可能エネルギーを利用した電力であれば、東京電力より価格が多少高くてもかまわない」と考えている、との報告もありました

世田谷区には一〇万を超える生協加盟世帯があります。つまり、多少高くなっても再生可能エネルギーを選びたいと考えている世帯が、少なくとも万単位で世田谷区には存在すると考えられます。

朝日新聞のＷＥＢマガジンに、「東京電力をやめて年間六千万円の節約」というタイトルで、新電力導入やシンポジウムの内容など、世田谷区の電力自由化の流れについて書いたところ（二〇一三年三月五日付）、三日間で一万人がフェイスブックの「いいね！」ボタンを押してくれ、あまりの反響に、四月八日には追加イベントを打つことにもなりました。

住民に一番近い基礎自治体である区が、新電力の導入を進めていくことで、経費削減の問題にとどまらず、今後、携帯電話の会社を選ぶように、ユーザーである市民一人一人が電力会社を選択できる社会へ向けての弾みになればと考えています。

◆被災地産の再生可能エネルギーの購入へ

この三月二六日（二〇一三年）で、東京電力柏崎刈羽原子力発電所の全七基が運転停止してから一年になります。いまのところ首都圏は、厳しい猛暑も冬の冷え込みも、原

発ゼロで乗り切っています。国内で稼働している原発は、関西の大飯原発だけで、現状、国内のエネルギーは火力発電がカバーしています。

火力発電も、ガスや石炭火力でも、燃焼効率が良く環境負荷が以前よりも桁違いに少ないものが開発されています。そうした原発以外の発電方法を当面利用しながら、再生可能エネルギーの普及と拡大をと、枝野前経産大臣へ要請もしました。

現状は、再生可能エネルギーを買いたい人と売りたい人がいるのですが、制度がそれを邪魔しています。そこを両側から掘ってトンネルをつなげていくのが、これからの行政の役割だろうと考えています。

このトンネルがつながれば、たとえば南相馬市でつくった再生可能エネルギーを首都圏の人たちが購入することも可能になります。実際、被災地で風車が回るのなら、その電気を買うよ、という人はいます。

福島など被災地の雇用創出や経済の活性化に貢献しながら、同時に再生可能エネルギーのシェア拡大につながることも進めたいと考えています。

◆「脱原発」で新たな需要を創出

世田谷区が出資する地方公社・世田谷サービス公社では、「世田谷ヤネルギー」というキャッチコピーで、自宅の屋根に太陽電池パネルを設置して、自宅で電気をつくろうという事業を進めています。

東京都と国の補助金を利用し、初期の自己負担額は、日本最安値の八〇万円弱。初期費用とローン利子を含めた総費用は、自家消費による節約と売電収入で、七年から一〇年で回収できるモデルを提示しています。

これまでは一軒につき区から一〇万円の補助金を出して、二〇〇軒で二千万円ほどの予算でやっていたのですが、「ヤネルギー」は区の補助金はゼロにして、代わりに太陽電池パネルを大量一括購入することで、一軒当たり四〇~五〇万円のメリットを生み出しました。

いま二〇〇軒以上が「ヤネルギー」を利用しています。目標だった一千軒よりは少ないですが、二〇〇軒が利用する前段には、二千人が問い合せ、六〇〇人が見積もりをとっています。区内の工務店や電気屋さんたちは、「こういう需要が世田谷にあったのか」と気づいたそうです。

また、区では区内の事業者さんの情報共有と技術力向上を支援し、また事業者さんの協力を得て、自宅での発電や再生可能エネルギー利用のほか、ペアガラスや外断熱を入れるなど、自宅のエネルギー効率を上げるためのリフォームの展示会や相談会を開いています。

太陽光パネルがダメな場合でも、太陽熱温水器なら軽いので設置できる家はあります。太陽熱温水器なら床暖房もできるし、お風呂にも利用できます。今年度は、再生可能エネルギーを利用した暮らしのためのリフォーム助成を始めることにしました。

それから、これは国会議員時代にはおそらく考えつかなかったことだと思いますが、自治体の運営には公平性というものが求められます。「ヤネルギー」は一戸建ての世帯向けですが、集合住宅に住んでいる世帯のほうが多いわけです。そうすると集合住宅の人は指をくわえて見ているだけ、ということになってしまいます。

そこでいま二つ考えていて、ひとつは公共施設などの屋根を部分的に市民に貸し出して、そこに太陽光パネルを設置してもらう、いわゆる「屋根貸し」を広げようとしています。

もうひとつは、多くの集合住宅にはベランダがありますから、ベランダで自然エネルギーを利用できる仕組みができないものかと。私の発案で、「すだれソーラー」というものを開発してもらっているところです。

屋根に設置する太陽光パネルは、台風や大雪に耐えるような構造にしなければなりません。するとその台が重くなって設置できないところも出てきたり、設置費用も高くつく。でも「すだれソーラー」なら、日が照っている時には垂らして、台風が来たらくるくると巻き上げてしまえばいいので、設置費用が大幅に低減できます。「これでテレビと扇風機が動きますよ」ということになれば、これは日本のみならず、世界中の電気のないところで役に立つはずです。

そういった発想の転換がいま求められているのではないでしょうか。

大きなリスクがありながらも地方自治体が原発を受け入れていったのは、巨額の原発マネーの力が極めて大きく影響していました。いまこの瞬間も「なんとかして原発を動かしたい」と思っている人は、原発が止まったら交付金がもらえなくなり、人件費も払えなくなるということがあるからです。

福島の事故以前、私も、「原発は危ない」の一点のみで、報道されなかったこともあって、どこまでどう危ないのか、また、原発を止めたあと、原発に依存しない社会ではどういう産業が可能なのか、というモデルを示すまでにはいたりませんでした。

ダム問題もそうですが、それまで依存してきたものに代わる新しい経済モデルを作り示すことが必要です。「原発に頼ってきた人は、これからはこのまちからは出て行ってください」というわけにはいきませんから。

世田谷区では、環境を考慮して市民の暮らしを変えることで、新しい仕事の需要・地域産業の創出につなげていこうとしています。「原発が止まると産業が空洞化する」という議論とは、まったく逆の方向からリアリティをつくりだそうとしています。

区が情報ステーションを作り、区内の事業者と住民をつなげ、環境価値と魅力を伝えて区民の暮らしの転換をはかり、新しい経済効果につなげていくという形は、世田谷区ではだいぶ軌道に乗ってきています。

◆民主主義の再生の試み

この時代、万能感をもって自分は何でも正しいことを即断即決するんだ、という政治家や行政は、最終的には成功しません。消費者の意見をまったく聞かないで自分の作りたいものだけを作り売るメーカーみたいになってしまいます。

いまや、政治家や行政のほうがレベルが高く、一般の人たちに教えてあげる、という時代は終わりました。専門的な知識をもって社会の第一線で活躍していたり、さまざまな情報・知識を手に考えている市民はたくさんいます。

ただ、日本はそうした力が生きない仕組みになっています。そこにもどかしさを感じ、選挙なんかやってもしょうがないと、棄権につながっていました。

アメリカ・ウォール街の占拠運動など、世界でも、代議制民主主義に対して機能不全感を感じて、さまざまな補修や補強の試みが行なわれています。

さまざまな問題が複層的にある中で、住民の声や意思や提案をどれだけ聞き、住民とキャッチボールできるかが、これからの民主政治には求められています。「政治不信」を永田町から変えるのはほぼ不可能です。基礎自治体で、環境や都市計画など身近なテーマを住民参加で進めていくことが大事です。

世田谷区では、くじ引きで無作為に抽出した区民一二〇〇人の中から八八人に集まってもらい、区民ワークショップを開催しました。ここでは、「ワールド・カフェ」という方法で、六～七時間テーブルを囲んで、今後の地域のあり方や区のビジョンについて、自由に話し合ってもらいました。また、芸術などのテーマでの車座集会など、住民同士で意見交流する機会をもってきました。

また、これは区の行事ではありませんが、私のツイッターのオフ会をやりました。「子どもの声は騒音か」というテーマで、保育士などプロの方と一般の方が混じり、ツイッター上でツイートするくらいのテンポで次々に意見が交わされました。ある種、「集合知」的な貴重な場でした。

これまでの政治集会では、一時間の基調講演があって、資料が配られ、さあみなさん質問どうですか、となるわけですが、参加者が考える時間も少なく、質問に乗じた自己アピールや、テーマと関係のないことを言う人がいたりと、住民との対話はほとんど成立しませんでした。

区民から委員を何人か選んで、新しいビジョンの「世田谷区基本構想審議会」を進めていますが、区民の委員の方から、「ここでいいことを書くのはいいが、それを本当に区がやってくれるのかどうかを検証する仕組みはどうなっているのか」という発言がありました。

これに対して三十歳代の区民の方から出された意見は、「デンマークには、住民集会での議決を議会は尊重しなければならない、という仕組みがある、これは参考になるのではないか」というものでした。

原発やエネルギーの問題にしても、一人ひとりが「これは違うぞ」と感じ始めたときに、それぞれの判断や自由な発想を横につなぐことができるような、ピラミッド型ではない形で政治に関わることが必要になってきていると感じています。

さまざまな人たちの参加と意思決定のルールをどのようにつくり、そこに軌道修正のチャンスなどをどう盛りこんでいくかが、今後重要になってくると考えています。

◆変化の兆しは必ずある

いまの日本では、開かれた時にはすでに結論が決まっている会議が多い、つまり、実際には会議では決めない「根回し」社会が続いているわけです。

それでは「根回し」のインナーサークル以外の人たちはとても不満なので、たとえば選挙では「懲罰投票」をします。自民党を懲らしめるために「反・自民」で民主党へ投票したり、「反・民主」で自民党、あるいは日本維新の会へ投票する。近年の国政選挙は、現状に対する「否定のバネ」が続いているわけです。

しかし、どの社会も振り子のように前に進んでは後戻りし、戻りきったかのように見えて前に進むというように、社会は変わってきています。

一九八六年の衆参ダブル選挙の際、衆議院で自民党は三〇〇議席をとり、参議院も同時に変わりました。当時は、今後三〇年くらいは自民党の時代が続くだろうと言われましたが、わずか三年後には参議院で逆転して、その後、国会ではたびたびねじれが起きています。いまでは、八六年のダブル選挙のことを言う人は、もういません。三年前に民主党が勝った時にも、自民党は二度と這い上がれないだろうという論調が主流でした。それくらい現代は、〝いま〟を絶対的であるかのように考えて追っている人が多いのですが、時代をよく見ていくと、変化の兆しは必ずあります。

やはり参議院選挙後に原発の再稼働が複数で課題になるだろうと思いますが、逆に言うと、いま、自民党政権に代わっても原発の再稼働には着手できていません。

昨年末の衆議院選挙で、原発の問題が争点にならなかったからこそ、自民党の政権復帰がありえたと、与党もわかっているところがあると思います。

それでも再稼働の話は出てくるでしょうが、国民も福島の原発事故から二年経って電力に対する考えは確実に変わってきていますから、議論の土壌はできていると思います。

◆「都市間循環」で自治体同士をつなぎ、持続可能なモデルを

世田谷区では昨年人口が五千人増えましたが、これから日本は人口がどんどん減る少子高齢社会になっていきます。社会の形も、一九六〇年代の大量に工業製品をつくって輸出を拡大し経済成長を求めていた時代のように、一定期間、ひとつの方向に向かって社会が単純に動いていた時代とは、現代はだいぶ違ってきています。つまりいま日本は、

これまでの考え方のままでは持続不可能な社会状況にあるわけです。だからこそ、こういう形でなら持続可能だというモデルをつくり、東北や福島の被災地など地方の交流自治体と、水平的につながっていきたいと考えています。

世田谷区には日本全国に三七の交流自治体があります。エネルギーや農作物、自然や観光などを媒介にした、「都市間循環」を進めていきたいとも考えています。

南相馬市では、メガソーラーで再生可能エネルギーをつくり始めています。長野県からは、県内の空家をアトリエや劇団の稽古場などに活用してもらえないかというようなオファーがありました。一方で、都会には農業をやりたい若者、自然に触れたい人がたくさんいます。

都会と地方の循環が進めば、東京という過密の場にはない優れた環境を都会の人たちは得ることができますし、地方には人がやって来るわけです。

地方と都会が、双方のニーズに応えあうような形で交流を進めていくことも、双方の持続可能性を支えあうことにつながっていくのではないでしょうか。

上原公子

東京都国立市・元市長

自治の力で分散型エネルギー社会の実現を

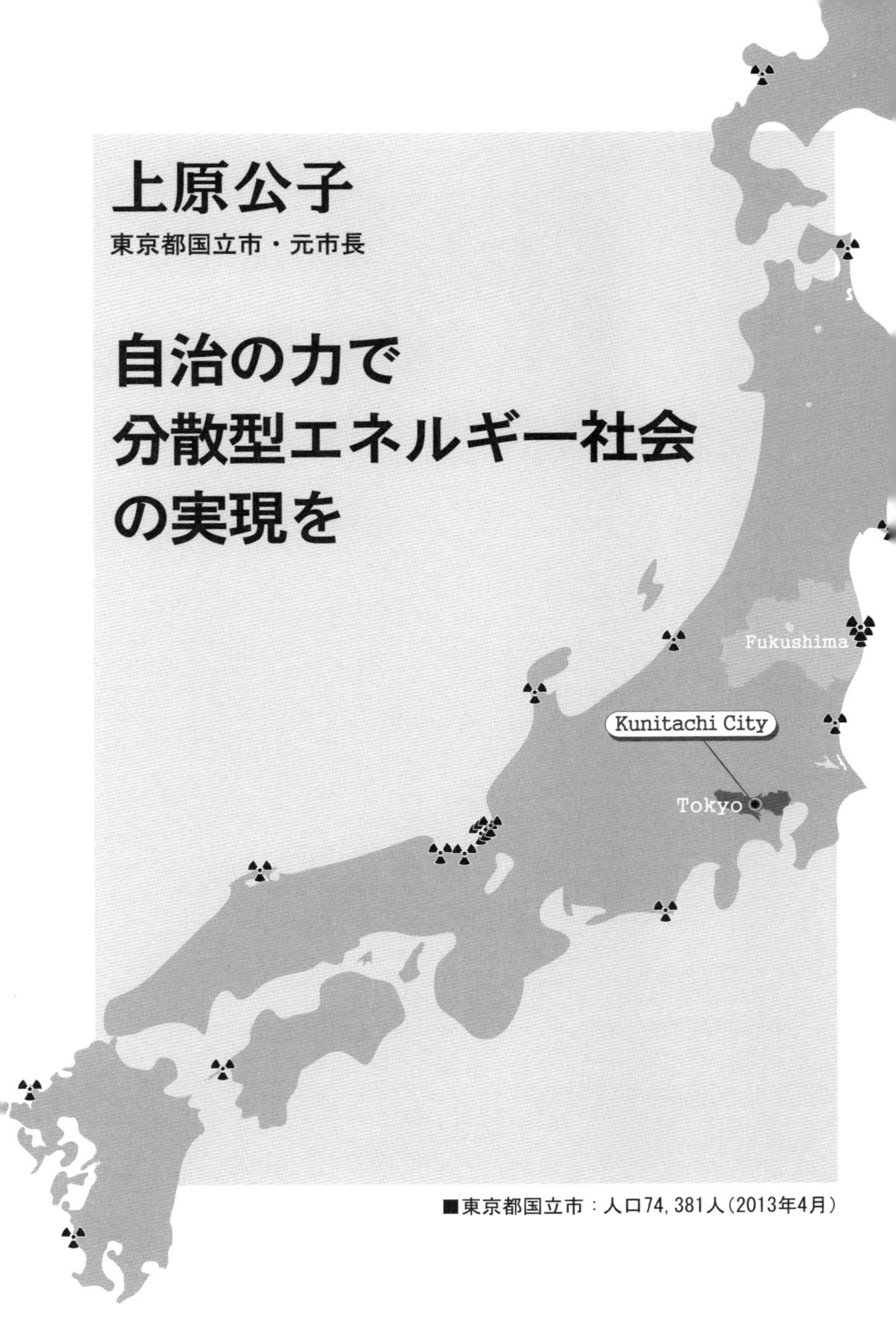

■東京都国立市：人口74,381人（2013年4月）

〈プロフィール〉

うえはら・ひろこ

1949年生まれ。宮崎県宮崎市出身。
法政大学文学部史学科卒業。同大学院人文科学研究科中退。
東京・生活者ネットワーク代表、
東京都国立市市会議員（1991年から１期）、
国立市景観裁判原告団幹事等を経て、
1999年５月〜2007年４月、国立市市長（２期８年）。
現在、自治体議員政策情報センター長、
福島原発震災情報連絡センター顧問、脱原発をめざす首長会議・事務局長。

著書

『国立景観訴訟―自治が裁かれる』（共著／公人の友社）、
『しなやかな闘い』（樹心社）他

◆「想定外」ではない

二〇一一年三月一二日一五時三九分、福島第一原発一号機水素爆発。祈るような気持ちでテレビの中継に見入っていた人びとは、一様にこの世の終わりを見たと思ったに違いない。

それは政府のいう「想定外」の出来事だったのだろうか。いや、そうではないはずだ。これまで原発を推進、容認してきた人も、心の奥底では「ついに」と密かに思っていたに違いない。「想定外」どころか、これまで繰り返し繰り返し、その危険は語られてきたし、原発の危険性を巡り、裁判がいくつも起こされている。多くの人が、事業者や政府が大金をはたいて垂れ流してきた「安全神話」を信じようとしてきたにすぎない。それが証拠に、容認してきた人たちは、誰も間違っていたと反省は言わず、専門家や政府を信じていたと自己判断の過ちを、他人のせいにしてしまっている。

◆国民も暗黙の容認

二〇一二年四月二八日に六九人の市区村長たちで立ち上げた、「脱原発をめざす首長会議」世話人の東海村の村上達也村長は、「首長会議」が大飯原発再稼動に反対する意見書を政府に提出した時の記者会見で、「今の政府は、戦時中の政府と同じである。何度も見直す機会があったのにもかかわらず、止めなかった」と静かに語った。

その語りには、国民の生命を軽くみる政府に対する怒りと悔しさが滲んでいた。

立ち止まる勇気の持てない政府や事業者のために、これからも一体何人の人が犠牲を強いられるのか。何度過ちを繰り返したら、立ち止まることができるのか。

今なお、福島に住む人々は被曝の危険にさらされ続け、事故処理のために高汚染の原発で作業をする労働者は、不安を抱えながらもこれから絶えることなく送り込まれる。

『荒れ野の40年』で知られる、一九八五年連邦議会での元ドイツ大統領ヴァイツゼッカーの演説〝過去に眼を閉ざす者は、未来に対してもやはり眼を閉ざす〟はあまりにも有名であるが、これはまさに今の我々に向けられた言葉といえる。

戦時中も、軍部に支配された政府の行動を、多くの国民がちょうちん行列をして称え、万歳を叫んで家族を戦地に送り出して暗黙の容認をしてきた。戦争は突然始まったのではない。じわじわと戦争への布石が打たれているときに、国民は反対の声を上げて止めることなく、結果、戦争を支えることになった。

国策であった原子力発電も変わりはない。「経済成長に伴い、『自信』は次第に『おごり、慢心』に変わり始めた。……国民の命を守ることよりも優先され、世界の安全に対する動向を知りながらも、それらに目を向けず安全対策は先送りされた。そして、日本の原発は、いわば無防備のまま、3・11の日を迎えることとなった」と国会事故調査委員会報告書が言い放ったように、驕りで国策を支えてしまった我々自身にも責任がある。この現実をしっかり国民一人一人が受け止め、我々は、決して過去に眼を閉ざし過ちを繰り返す愚か者になってはいけないのである。

◆我々は「福島」から何を学んだのか

福島原発事故は、日本人の価値観を変えたと言われている。少なくとも、東京での反原発のうねりは、組合動員型でもなく政党主導でもない、戦後初めての自発的民衆運動の台頭だと多くの人は確信した。この現象が、国を揺るがす力になると希望をさえ持っていた。しかし、二〇一二年一二月の衆議院選挙での国民の選択は、自民党を圧勝させ、再び原発推進は息を吹き返した。原発は、争点にはならなかった。目の前の生活の不安が、経済活性化という幻の約束に目を奪われてしまったのだ。

そもそも、原発を誘致した自治体は、財政的に大変厳しい地域であり、経済的な豊かさのためにやむなく設置を認めた地域ばかりであった。たしかに原発誘致による莫大な交付金が流れ込み、地域は雇用も生まれ財政的に潤っていた。莫大な交付金で、町には無用とも思える施設が作られ、まさに原発マネーによる夢の実現があった。しかし、一旦このような事故があれば、一瞬にして全てを失い、未来を約束したはずの原発が、未来を奪う悪魔に変わることを、この事故で被災地の全ての人は悟った。

我々にとって、「福島」からの学びとは一体なんだったのだろうか。私たちは、何を失ったのだろうか。

原発事故後間もない、東京でもまち行く人たちがマスクを外せないでいた頃、私は長野県の南伊那の小さなまちに仕事で出向いた。青く晴れ渡る空に雪で真っ白に輝くアルプスはこよなく美しく、心置きなく深呼吸ができることに無上の幸せを感じていた。呼吸をすることなんて、意識するまでもなくごく当たり前のことであったのに、３・12以降は、その空気さえ凶器と感じていたことに改めて気付かされた。

そう、原発事故の恐ろしさは、その何気ない当たり前の日常が、一瞬にして消えることなのである。何気なく過ごしていた日常こそが、我々にとってかけがえのないものだったと、福島原発事故に教えられたのである。

福島では、ふるさとを追われ、家族が引き裂かれ、被曝の恐怖に怯え、被災者である当事者間の分断さえ起こっている。

被曝の恐れを知りつつ、やむなく福島に留まっている子ども達の暮らし、心情を私たちは想像できるであろうか。

健康を守るために行動を厳しく制限され、線量計を首に掛けた子どもたちを、せめて短期間でも保養させるためにと、沖縄のＮＰＯが美しい浜辺に連れて行くと、子どもたちは砂を怖がるという。

砂場で遊んではいけません。草むらに近づかないで、森には入らないで、できるだけお部屋で遊びなさい。毎日、親から言われ続けた子どもは、そのうち「伸びやかに遊ぶ」天性を失ってしまうのである。

自分の感性を育むはずの豊かな環境が凶器に変わったときに、子どもは湧き上がる「伸びやか」な本能との闘いの中で、ストレスを抱えていく。それを承知で閉じ込める親も、また然りである。未来を託すべき子どもが、育まれるべき感性を歪められれば、我々の未来は不透明なものになる。

この悪夢が、まだ過去のものではなく、明日、我々の身の上にも起こるかもしれないことこそが現実であることを学びとしなければならないのではないか。

これから進むべき道の判断の機軸に据えるべきことは、「子どもの未来のために」である。

◆ドイツの倫理

福島原発事故までは、ドイツのメルケル首相は原発推進派であった。そのメルケル首相は、「安全なエネルギー供給のための倫理委員会」に原発政策についての議論を託した。福島での原発事故わずか二カ月半後の五月二八日には、倫理委員会は「十年以内に原子力発電から撤退を完了する」との結論を出した。

その理由は「人類の自然に対する生態学的責任は、自然環境を持続させ保護することであり、自らのために破壊することではなく、自然資源の質を高め、未来の生活を安心なものにする機会を確保することである。故に、将来世代に対する責任は、特に長期的に見たエネルギー供給とリスクと負担の公正な配分に及ぶものである」との基本的理念に基づいている。

ドイツの倫理委員会の判断に、我々の進むべき道のヒントが多くある。

（1）自然環境を持続させ保護すること
（2）未来の生活を安心なものにする機会を確保すること
（3）長期的に見たエネルギー供給とリスクと負担の公正な配分

ドイツでは、チェルノブイリ原発事故後から、分散型再生可能エネルギーへの転換に向けて、すでに様々な試みをしてきている。多くの失敗を繰り返しながら、積み上げた実績が、倫理委員会の結論を確信的なものにしているのである。

ドイツを旅すれば、田園風景の中に大きな風力発電を多く見かけることができる。古来より、ヨーロッパでは風車を動力として使ってきた歴史がある。それが風力発電に見事に転換しているのである。

◆日本の自然環境がもつ潜在力と節電力を活かす

出遅れている日本で、ドイツのように再生可能なエネルギーの転換が、果たして可能なのだろうか。

恐れることはない。日本は、自然環境を保護しながら上手に活用してきた、最も優れた歴史と文化を持つ民族である。

日本は急峻で平らな土地は狭く、資源の乏しい国だからこそ、精一杯その厳しい自然環境を巧みに生かす技を磨き上げてきた。

人の暮らしに一番に必要とされる水の確保は、溜池を作り田に水を張り地下水を涵養させて井戸を掘った。さらに、田んぼに水を送る水路を作り、傾斜が多い地形を使って水車を村中に作り動力とした。

圧倒的に山が占める環境は、木の文化を育んだ。自然環境を持続させるために、一〇〇年の材は一〇〇年使うために、建築材を使いまわす木組みの技術を発展させた。火災で消失さえしなければ、奈良薬師寺の五重塔のように木の建築物は一〇〇〇年建ち続ける。

また、正倉院の数々の宝物は、日本人の物まねの上手を伝えている。本来、海外から渡来してきた文化財を、日本の資材を使って器用に作り、さらに芸術的に発展させている。江戸文化は、その器用さと四季に培われた感性を地域特産として育み、海外へ輸出して産業として成り立たせた。手間ひま掛けることにより製品の完成度を上げてきた日本の製品は、今でもヨーロッパでの信頼は揺らいでいない。

◆すでに、日本は歴史的に自然を巧みに活用する知恵の歴史がある

そして、縦に長く、高い山の尾根を背骨として傾斜をしながら広がる台地と、ぐるりと海に囲まれた地形の日本は、地域によってその自然環境が大きく変化する。自然資源も異なる日本こそが、その地形に沿った分散型、地域自立のエネルギー政策がふさわしい。

山は手入れをしなければ滅びる。安価な外材に押され、山を放置してきて自然の循環が崩れ始めている。山の再生が叫ばれて久しい。日本の気候には日本で育った材木でなければ、長持ちはしない。だから、山に入り間伐し、その間伐材はバイオマスエネルギーに活用して産業にする。一〇〇年の木を育てる山にしていく。そして家は建て替えでなく、一〇〇年使う生活に変える。木の家を維持する大工も地元で育てる。

日本は、火山国である。いたるところに温泉がわく。大事な地熱エネルギーである。温泉場は地熱発電所も経営する。四方の海も使い道が大きい。波力もあるし、海風は洋上風力発電で全部エネルギー源になる。漁場を荒らさないよう、風車には漁礁も作って魚と共存する。

傾斜の大きい川は、魚道をじゃましない小規模水力発電に。都会は屋根だらけ。屋根は太陽光パネルが集中して設置できる。

同時に節電の知恵も産業にする。福島原発事故直後の「計画停電」の経験は、東電の思惑を外れ思わぬ効果と教訓をもたらすことになった。電気を使いすぎていたこと。節

電は、経済的であること。少々の暗さは、不自由ではないこと。「計画停電」から二年たっても東京のデパート、コンビニ、交通機関、あらゆるところで節電を頑張り続けている。東京は、以前より少し暗くなった。しかし、誰も文句を言う人はなく、不便さはない。みんな気付いたのである。地球温暖化防止を世界と約束をしながら、経済界は一向に努力をしていなかったどころか、ますます電気を使う商品をあふれさせ、電気なくしては、暮らしが成り立たないように思い込まされていたことを。

東電が仕掛けた「計画停電」の教訓を日本中が活かせば、格段に電気の使用料は減り、再生可能エネルギーへの可能性も格段に近くなる。

オール電化の商業売り言葉を排除し、節電とエネルギーの多様な組み合わせが、経済効果を発揮する。新たな雇用も可能になる。ただし、「メガ」は地域エネルギーにふさわしくない。一見、大企業による大規模開発は、効率的で技術力も優れているようにみえるが、大量に発電したものを、遠隔地まで送電線で送るのは、またロスも多いシステムになる。

◆エネルギー・デザインもまちづくりの一環に

これからは、大企業に依存せず小規模での「地産地消」エネルギーが、地域の産業につながっていく。地域が育てて、地域で使うエネルギーだからこそ、皆で大事に使う意識が育つし、大金をばら撒かれてだまされることもない。地元で管理していくからこそ、自然とのバランスを考えながら、企業が儲けるためにではなく、自分たち自身のためにエネルギーをつくることができる。

風車は、景観を壊すから山の稜線につくる事に対するこだわりをもつ人もいる。低周波の問題も指摘されている。それなら一層、エネルギー生産は企業のものではなく、まちの将来にわたる壮大なデザインにしていかなければならない。エネルギーもまちづくりであるし、優れて自治の問題である。

◆未来への安全の投資

そして、分散型の地域エネルギーを成功させているドイツの教えは、エネルギーはつくることと同時に、使う側の決意なくしては成功できないということである。つまり消費者である地域住民の決断である。取り組みの当初は、大企業の電気に比べ地域でつくる電気の方が割高であるし、失敗すれば経済的リスクも負わなければならない。

しかし、最近になってようやく議論の俎上に上ってきた、原発の使用済み核燃料の始末や、廃炉までの将来にわたる経済負担、そして何より、原発事故という大きなリスクを考えれば、おのずと「経済性」は明らかである。未来のためにエネルギーを安易に使ってきた我々の世代が、「未来への安全の投資」として少々の経済負担をしながらでも、転換を決意するしかない。それは、まさにドイツの倫理委員会の言う「人類の自然に対する生態学的責任は、未来の生活を安心なものにする機会を確保することである」の判断と決意である。

◆「お任せ民主主義」を卒業して地域自立型経済へ

事故を起こした当事者である日本は、二年たってもまだドイツ倫理委員会の域に達しないどころか、事故はなかったかのように、まだ、経済優先にこだわっている。

バブル崩壊の一因は、「民活」の名の下に公共事業に税金を乱投入してきたことにある。それを無批判に請け負ってきた自治体が財政破綻に近い状況に追い込まれた。あげくに合併で、身近な自治を失ってきた。大企業誘致も、大店舗誘致も、経済が冷え込めばそれらの逃げ足は速く、残されるのは、残骸と潰された地元の産業である。

他力本願の経済は、本来あった地元の産業を押し潰していく。これからの社会は、どんなにあがいても超高齢化社会に突入していく。消費の減少に相反して福祉サービスの増大は避けられない。縮小する時代は、依存型経済では成り立たない。地域で自立した経済を見出すしかない。

思い出そう。一九七〇年、アメリカでは日本車の輸入規制のために、排ガス規制「マスキー法」を作ったが、不可能といわれた世界一厳しい基準を、日本の自動車会社は次々にクリアする車を開発した。日本の技術力は、環境配慮の巧を歴史の中で鍛えられていることを実証している。

日本には、資源を大事に使いこなす「巧」の知恵の歴史が、それぞれの地域にある。

また、世界の経済を牽引してきた「技術者」の技がある。彼らがいるかぎり、日本にはこの苦難を乗り越える力がある。それを支えるのは、今度は地域の力、自治の力である。もはや、政府や財界の言い分は聞いていられない。原発事故という悲惨な経験から学んだ我々は、誰かの責任によってではなく、自らの意思として決断するときが来ているのである。お任せは、民主主義ではない。一人ひとりの判断で決意し行動してはじめて民主社会といえるのである。

「民主主義の原動力は、国民自身にたよっていこうとする精神である。自らの力で自らの運命を切りひらき、自らの幸福を築き上げていこうとする、不屈の努力である」

（『民主主義』一九四八年文部省著作教科書より）

西原茂樹

静岡県牧之原市・市長

浜岡原発停止から二年を経過した牧之原市の選択

■静岡県牧之原市：人口48,986人（2013年4月）

〈プロフィール〉

にしはら・しげき

1954年生まれ。静岡県榛原郡相良町（現・牧之原市）出身。
金沢大学工学部土木工学科卒業。
1989年から静岡県相良町議会議員。
1991年から静岡県議会議員。
2005年10月、牧之原市市長に就任。現職（２期目）。

◆福島の現実を見て

二〇一二（平成二四）年七月末、震災直後に牧之原市で軽油や灯油をローリーで運んだことが縁となり、二人の職員を派遣している南相馬市を訪問しました。「相馬野馬追を復活するから見に来て！」と桜井勝延市長からお誘いを受けました。

活気が戻った祭りを見た翌日、南相馬市小高地区へ入りました。福島第一原発から二〇キロ圏にある小高地区は、原発の事故から一年間警戒区域とされたため立ち入りができませんでした。

小高駅はあの日のままで、隣にある駐輪場に整然と自転車が並んでいました。近くの高校へ、電車を利用して通っていたのでしょう。整然とぎっしり並んで置かれている自転車は、今にも生徒たちが帰って来て乗って帰るのを待っているようでしたが、よく見ると自転車の間には雑草が生えクモの巣が張っていました。駅前の家並みもその日から時間が止まっていて、あまりのすごさに涙が止まりませんでした。

警戒区域指定から外されたので、駅前にある佐藤さんという自動車整備屋さんだけが仕事をしていました。その佐藤さんから話を伺うことができました。

三月一一日三時過ぎ、津波がひざぐらいまで来たそうです。翌朝早くから片付けようとしたら、「逃げて！」と言われたそうです。とるものもとりあえず一時避難と思って逃げたら数カ月間、会津や新潟まで逃げ回った末に南相馬に戻って来て、仮設住宅に入りました。

四月になって警戒区域から外れたので「自分で除染して戻った」そうです。戻ったといっても昼だけの仕事場で、夜は仮設住宅へ帰ります。仕事場の小高地区はまだ住めない地域なのです。

原発事故の被害は計り知れません。こんなことまで覚悟して原発を使わなければならないのでしょうか。「再稼働する」と言う人は、福島を見てほしいと思います。ここにきて避難している住民の皆さんと話をしてほしい。そんな思いを現地で強く感じました。

牧之原市は今年度（二〇一三年度）は一般職員一人を派遣していますが、昨年度（二〇一二年度）は一般職と保健師の二人を南相馬市に派遣しました。できる限りの支援と交流を続けていきます。それが、私たちの浜岡原発を見つめる尺度ともなるはずです。

◆浜岡原発から三キロに住んで

私の自宅から三キロという至近距離に、中部電力浜岡原子力発電所（静岡県御前崎市）があります。自宅二階の子供部屋から、たくさんの送電鉄塔と排気筒が見えます。その子供部屋から三人の子供たちが育ちました。どの子も「あの煙突は何？」と聞きましたが、説明を聞いて心配した子供はいませんでした。しかし、福島第一原発の事故が起こり、誰もいなくったその部屋から立ち並ぶ排気筒を見た時、改めて「怖い！」と感じました。

浜岡原発一号機は一九六七（昭和四二）年、当時「財界四天王」と言われた旧浜岡町出身の実業家・水野成夫（一八九九～一九七二）の後ろ盾もあって推進され、一九七一（昭和四六）年に着工、一九七六（昭和五一）年から運転を開始しました。私が高校生のころで、反対運動などもありましたが、漁業交渉などは短期でまとまり、中部電力（以下中電）の一方の建設候補地であった三重県の芦浜が混迷している中で、こちらは順調に進みました。

立地した当時の浜岡町は、砂地でこれといった企業や農水産品もない町でした。遠洋漁業で活気づいていた御前崎町と、商工業で実力のあった相良町とは三町で合併がほぼ決まっていました。その最中に湧いた原発立地でしたが、当時の相良町長が「将来の地域の活性化と国策に沿って！」と立地を認め、漁協などの説得に当たりました。町長は「折の中に猛獣を飼う……」と原発の危険性も認めた上で、市民監視の環境安全対策にも積極的でした。しかし、原発立地交付金の制度創設は、立地自治体と隣接自治体との交付金額で大きな格差を生じさせることになり、恩恵が多い立地町である浜岡町が合併から離脱し、三町合併は頓挫しました。その名残りは、中電との安全協定が周辺自治体とも結ばれていることに見てとれます。

その後三五年、浜岡原発では次々と増設が行なわれ、一昨年三月一一日福島第一原発事故が起こるまで、私自身も「安全神話」にどっぷりとつかり原発容認の立場でした。

私は金沢大学の土木工学科を出て、上下水道や環境のプラントエンジニアの仕事についていました。三七歳から静岡県議会議員を四期務め、二〇〇五（平成一七）年牧之原市誕生と同時に初代市長に当選就任しました。

県議会議員当時、「原子力はクリーンなエネルギー」と「資源のない国のベストミックス」という地球温暖化防止の立場で、不安と安心とが複雑に交錯しながらも浜岡原発について容認姿勢を通していました。

阪神淡路大震災後の耐震裕度向上工事や、一号機の配管爆発事故（二〇〇一年）、さらに書類の偽造事件やプルサーマル導入など、次々と発生する問題などで中電関係者とのやり取りは牧之原市でも頻繁に行なわれました。自分が技術者ということもあり、中電との技術論争は興味深く行ないましたが、安全神話の枠から出ることはありませんでした。

二〇〇七（平成一九）年の新潟県中越沖地震の際には、柏崎刈羽発電所では「止める、冷やす、閉じ込める」は守れたと評価し、変圧器火災の報道の仕方を「騒ぎすぎだ」と問題視したほどで、いま振り返ると自分の鈍感さを恥じるのみです。

◆浜岡原発の永久停止決議へ

一昨年三月一一日以降、次々と爆発する福島第一原発と、逃げまどう周辺住民の悲惨な状況や放射能の恐怖に、「浜岡原発は止めてほしい！」と心の底から素直に思いました。家族も市民も「止めてほしい！」と私に訴えてきました。

被災地の目を覆う状況や、福島原発の危機的状況に追い打ちをかけて、一六日には富士山周辺で地震が起きました。ニュースで「東海地震の判定会が招集された」とも報じられました。不安は募りました。

「東海・東南海・南海地震が浜岡原発を襲ったらどうか。津波がやってきても心配ない！と言い切れるか。住民に、納得できる説明ができないならいったん止めて、対策工事をして問題がなくなってから運転したほうがよい。それが今の市民の声だ。」

私の三月二〇日付ブログ「一言コラム」の書き込みです。

一三日にすでに口頭で中電に対して停止要請をしていた私は、三月二〇日、中電も出席した浜岡原子力発電所環境等安全対策協議会（会長・川勝平太静岡県知事）の会議でも、「浜岡原発の安全性は疑わしい。福島の現状を見て安心感を持つ住民はいない。ここは福島原発の現状に十分に向かい合い対策を講じてほしい。失った信頼は計り知れない。技術だけではなく、原発を支えてきた立地地域の安心と信頼が失われた。この回復には特効薬はない」とし、改めて停止要請を行ないました。

その後、五月六日に菅直人総理（当時）から停止要請がなされ、中電が五月九日に要請を受け入れ、全号機が停止しました。二〇一三（平成二五）年三月現在も停止状態は続いていて、浜岡原発は、その後全国の原発の稼働停止の端を切った形となりました。

牧之原市では、その後五月から七月にかけて、企業への聞き取り調査、「お出かけトーク」（市長の市政報告会）による原発説明会などを行なった上で、浜岡原発の再稼働についての設問を入れた市民意識調査アンケートを実施しました。

企業への聞き取り調査では「従業員の命とサプライチェーンが心配だ」と、浜岡原発に対する不安が調査した半数近い企業から出されました。さらに、市民意識調査では六割の方が「停止し続けてほしい！」という意見でした。

私は、八月にそれらの報告を市議会に行ない、これらを踏まえて「市議会として浜岡原子力発電所についての意見をまとめてほしい」と要請をしました。その際に「私の考えは、反原発でも脱原発でもなく、脱原発依存だ」としました。

約一カ月後の九月二六日、牧之原市議会は「安全が担保されなければ永久停止すべき」と、議会として決議を賛成多数で採択しました。私は、同日それを支持する発言を議場で行なった上で、記者会見を行ない「安全は担保されないので一歩踏み込んで永久停止だ」と発言をしました。

「永久停止」という表現は、言い得て妙だと今でも思っています。意味からは「安全が担保されなければ再稼働をすべきではない」と変わらないように思えますが、「永久停止」はインパクトがありました。廃炉を主張する議員がいたし、市民意識調査では

「ずっと止めておく」という項目があったことも影響したのでしょう。議決の意味は大きく、マスコミが牧之原市を大きく取り上げました。その後、決議された「永久停止」という意思を市民に伝えるために翌月、議決文章と市の考え方をまとめたものを市の広報紙に掲載し、全戸に配布しました。

牧之原市議会の決議に続き、静岡県内の多くの自治体で「廃炉」や「永久停止」、更に「安全が担保されなければ再稼働は認めない」などの決議が上がりました。全国的にもこれだけ議会や首長が意思表明している県は、福島県を除けば、静岡県と、東海村のある茨城県くらいでしょう。

忘れてならないのが牧之原市の農業生産者の動きです。静岡のお茶生産地に激震が走ったのが、新茶最盛期の五月一二日でした。神奈川県で大きく基準値を上回るセシウムが検出され、静岡県でも次々と検出されて、事態が深刻化していきました。

それから二年、今なお静岡茶は存亡の危機に立たされていると言っても過言ではありません。一気に消費者が静岡のお茶から遠ざかっていきました。当初は実害であって風評被害ではありません。補償は出ましたが、失った信頼はいまなお風評被害として残っています。

原発を容認する農家はいませんし、静岡県農業経営士協会などいくつかの農業団体は浜岡原発の再稼働を認めない決議を上げています。

◆南海トラフ圏域に立地する浜岡原発のリスク

地震列島といわれる島国日本の中でも、浜岡原発は敷地直下に「三〇年以内に八八％」の発生確率といわれる東海地震を抱えます。最近はそれが南海トラフ巨大地震と一体と見なされ、一千年に一度という想定も国によってなされています。ここでは、阪神淡路大震災の揺れ（あの時は一〇秒）が二分以上続き、五分後に東日本大震災並みの津波が来ると想定されています。浜岡原発五〇キロ圏には二五〇万人が住み、東京と名古屋を結ぶ新幹線や高速道路が走ります。福島原発事故直後の五月六日、当時の菅総理が停止要請をしましたが、私も多くの市民も素直な気持ちで喜びました。

今年三月に国の有識者会議は南海トラフの被害想定を発表しました。マグニチュード九・一の地震が起きた場合、地震と津波で二二〇兆円の経済損害が出るとされていますが、浜岡原発の事故はないとしています。国は、一方で原子力防災対策を振りかざしながら、一旦事故が起こると復旧はおろか立ち入りさえもできない原発事故の被害想定はやろうとしません。逆に考えれば、これだけの都市産業人口集積地に原発はあってはならないということでもあります。更に言及すれば、そもそも立地されるべき地域ではありませんでした。

ふるさとを強制的に追われ、健康の被害に不安を覚え、仕事もなければ、いつ故郷に帰れるかも全く分からない福島の現状を目の当たりにし、それでもなお浜岡原発を稼働しようとするのでしょうか。

「（福島での事故は）津波で電源が確保できなくなったのが原因でした。津波対策と非常電源の工事によって安全が確保できるようになるので安心です」と中電は説明しています。

本当に安全は担保され、私たちは安心して稼働を認めても良いのでしょうか？

私たちは浜岡原発の「安全神話」を自らに信じ込ませてきました。しかし、福島第一原発の事故と、その後の周辺地域住民の悲惨さを見れば、根底から考えを変えざるを得ません。福島では、現在も壊れて直せない危険な原発があり、廃炉のめども立っていません。周辺の地域は、除染作業が進まずまだ立ち入りさえもできない皆さんがいます。立ち入りができるようになっても、いつ普通の生活ができるようになるのでしょう。

万が一浜岡原発で事故が起これば、私たちは福島の皆さんと同じように、ふるさとを追われ、生命や健康の被害を恐れ、財産を奪われます。原発は、一旦壊れたら直せません。廃炉にするにも、何十年もかかります。

ふるさとに帰れないということは、そこで、農業も工業も生産活動ができないということです。福島の原発立地地域の皆さんは、地域の未来を原発に託し「原発で豊かな地域にする！」と夢を描いてきましたが、破たんしました。

辛く貴重な現実から私たちは学ばなければなりません。

◆再稼働へ突き進む浜岡原発

中電は、「想定外の津波だった」と、福島原発の事故原因が断定されていない現状で、津波対策に絞って対策工事を進めてきました。一昨年一一月には、防波壁を一八メートルの高さに想定し工事に着手しました。その後、前面の津波高が二度の内閣府からの発表で最終的に一九メートルとなるなどの中で、昨年七月三〇日に、一二月までとしていた津波対策工事を今年の一二月までと一年延長を発表し、一八メートルの防潮堤に四メートル嵩上げをする追加工事を行なってきました。

さらに、津波の力にも水没しても大丈夫、と言わんばかりに矢継ぎ早に工事を進めていますが、それらは国や専門家によって検証されたものではありません。そのような中で、今年三月一八日に内閣府から発表された「南海トラフ巨大地震の被害想定」や、長周期地震動等への対応を踏まえて中電は、現在実施中の防波壁を含む津波対策について、耐震性の精査が必要になったとし、完了目標をさらに一年延長し、二〇一五年三月と見直しました。

同時に、四月一〇日、原子力規制委員会から新規制基準案が公表されたことを受けて中電は、すでに発表していた自主的シビアアクシデント対策や、取水槽などの溢水対策も新基準（案）にあった設計とするなどの変更を発表し、同じく二〇一五年三月までの完成を目指すこととしました。

問題を挙げればきりがありませんが、燃料プールに残る使用済み核燃料の保存が心配ですし、その処理方法への解決策は見いだせていません。

中電は、津波対策やシビアアクシデントにめどがつけば、浜岡原発の再稼働を予定しています。勿論、「安全が確保される」と原子力規制委員会が認めることが条件ですが、安全は本当に担保されるでしょうか。様々な安全対策によって安全性を高めることはできるでしょう。しかし、原発に絶対安全はありません。このことは、残余のリスクとして、国も中電もすでに認めています。

同じ地震や津波が来るとは限りません。リスクには、地震動やヒューマンエラーをはじめ、航空機事故、さらにテロやコンピューターテロなど、想定されうる想定外はいくつでもあります。

◆再稼働へ向けて立地（周辺）自治体は

私は、原発の安全は担保されない、絶対に安全だということはなく万が一はあると考えます。今までは、「事故が起こらないようにするから事故は考えないで良い」でしたが、これからは「事故は万が一起こるかもしれないが、事故が起きても被害を最小限にしていく」ことが目的になりました。

しかし、国民は、そのことを了承したのでしょうか？　だれも了承していないにもかかわらず、いつの間にか三〇キロ圏まで「危険だから原子力防災計画を立てましょう」となってしまいました。この（二〇一三年）三月末にはほとんどの周辺三〇キロ圏までの自治体で原子力防災計画を立てました。

立地自治体の多くは、再稼働に期待をかけていると思います。それは、すでに経済や雇用や税収が原発抜きではやっていけないからです。もちろん安全が前提ではありますが、原発再稼働がなければ地域が維持できないのです。

しかし、周辺自治体にとってはむしろ危険やリスクが増えるだけで、恩恵がないばかりか、万が一の場合にはとんでもない損害を被ります。

現在、浜岡原発立地自治体である御前崎市の人口は三万五千人、二〇一一（平成二三）年度当初予算で一六七億八千万円、そのうち約四割の約七〇億円が原発の固定資産税と原発関連交付金です。一方、人口五万人の牧之原市は、二〇一一年度当初予算で一七五億六千万円、原発関連はわずかに八千万円、〇・五％にしかなりません。

二〇一二（平成二四）年度以降は、原発津波防災工事などで固定資産税が多額に見込まれる御前崎市に比して、牧之原市の場合数百万円の広報費程度となります。

また、雇用においても、原発に勤めている就業者が御前崎市で一五〇九人に対して、牧之原市は二八〇人と、掛川市の三二五人に比べても低く、雇用における依存も低くなっています。

更に、市内に立地している企業は、「原発が再稼働したら移転する」と言い切る企業も出てきました。それはそうです。企業はサプライチェーンの維持や早期回復を常に検討してＢＣＰ[★1]を検討していますが、原発災害の検討はされていません。だからこそ、仮

★１）ＢＣＰ：Business Continuity Plan の略。事業継続計画。

に再稼働する時には「覚悟」をしてかかる必要があります。

◆再稼働への覚悟と判断はだれがするのか

昨年六月一六日に総理判断で大飯原発三号機と四号機が稼働しました。その再稼働に同意の判断をしたのは、大飯町と福井県（正確には、大飯町議会と大飯町長、福井県議会と福井県知事）でした。その時の判断基準は「国が安全と認め要請してきたから」というものです。福島原発の現実を目の当たりにし、しかも事故原因がわからない状況では、万が一の場合に同じようなことが起きない保証はありません。

いままでは「安全神話」の下で、国が判断をして立地自治体は同意をしてきました。しかし、私たちは福島の現実を経験しました。万が一の場合には、福島の現実やそれ以上の悲惨な状況があるかもしれないことを学びました。仮に再稼働する場合には、万が一への覚悟が必要です。その覚悟と判断を、首長と議会だけで行なうべきではありません。少なくとも私は、どんな形にせよ住民の覚悟や判断を仰ぎます。

立地自治体はもとより周辺自治体にとっても「再稼働を認める」ということは、自分たちが被害者になると同時に、さらにその周辺まで被害が及んだ場合には「加害者」になるかもしれないということではないでしょうか。

いままで「国策」と言って、国に丸投げしていましたが、それで良いのでしょうか。これからは、私たちも含め子や孫たちが「生きるために」考え発言をしていくべきです。地域のこと生命財産にかかわることは、地域に住む住民が声を上げていくべきです。

ここで問題となるのが、原発立地の地元とは、どこまでを指すかということです。福島の現実をみれば、中電と安全協定を結んでいる四市だけで判断できるものではないと思います。どこまでの判断と覚悟が必要かについては、今後の議論が必要でしょうが、国が示すべきものではなく県や自治体が話し合って決めるべきです。

◆住民自治と自治基本条例を根拠に

牧之原市の市民と行政が、原発にどのようにかかわっているかについて触れておきます。

牧之原市は、二〇一一（平成二三）年三月に「自治基本条例」を制定しました。現在は九月制定を目指して市民投票を入れた市民参加条例の策定作業を進めています。

市民生活にかかわる重要な課題は、議会の議決にかかる前に利害関係者である市民・自治会や民間企業と行政でしっかりと討議します。

討議の方法は、男女なるべく同数で年齢構成も分散しファシリテーターが楽しい雰囲気で進行するワークショップで、牧之原市ではこれを「男女協働サロン」と呼びます。防災や地域づくりなど、自治会にかかわることの主催は自治会で行ない、行政はサポート役です。会議には「一人だけ話さない」「頭から否定しない」「楽しい雰囲気で」というルールがあります。だれもが気軽に参加できグループで検討しまとめた上で発表し、最後に投票して合意形成を図ります。昨年から今年にかけて、従来行政だけで作っていた「津波防災まちづくり計画」を、この方法で市民と行政が協働で作りました。

情報の公開とお互いの信頼関係があってのことですが、何よりも市民と行政職員を含めた関係者が「自ら主体的に学ぶ」というプロセスによって、理解や信頼と行動につながっています。

あらゆる手法で市民の意見を聞きながら、合意形成を図っていくことは原発も例外ではありません。

市民の市政参加は多様です。牧之原市では、市民意識調査を毎年実施しています。二〇歳以上の男女一三〇〇人を無作為抽出し無記名回答をしていただいています。回収率は四〇％から五〇％ですが、有効必要サンプル数として三八〇人分あれば十分有意な統計資料となります。この方法で二〇一一（平成二三）年度と二〇一二（平成二四）年度は「浜岡原発についてどう考えるか」について同じ設問を行ないました。結果は、約六割の方が「停止しておいた方がよい」でした。「安全が確認できたら再稼働したほうがよい」は二割でした。

牧之原市は、多くの市民が浜岡原発に勤め、民宿や建設工事、さらに電気料金でも恩恵を受けています。そんな市民の判断がこういった結果です。必要ならば、市民意識調査を全県下で実施すれば、統計に基づいた資料ができるはずです。

その費用は、職員の努力で、原発を含めて全ての調査一式で六〇万円弱です。牧之原市では、使用済み核燃料の保管や最終処分についても職員が資料収集や研究をしています。人任せではいけない。そのことの自覚が学びとやる気を引き出しています。牧之原市では、

一方、原発に関する情報を正しく理解できる受け手側の努力が必要です。牧之原市では、昨年と今年の「市役所のお出かけトーク」において、私からなるべくわかりやすく原発について説明を行なってきました。パワーポイントの資料は常に「市民が理解できるように」を念頭につくっています。また、昨年の暮れに、市民が原発について学ぶことができる冊子を作成し、全戸配布を行ないました。

地方主権を叫んでいますが、現在は国の権限を知事と県議会や市長と市議会に移行させる「団体自治」です。真の地方主権とは住民自治であり、このことによってはじめて「市を支える市民」や「国を支える国民」に生まれ変わるのです。原発は大きな試金石でしょうが、あらゆる行政の課題は「学んで自立する」ことによって解決していきます。

◆新たなエネルギー戦略で地域の幸せ向上を目指す

市内にはスズキ株式会社をはじめ多くの電力多消費型企業が立地しており、浜岡原発が動かなくなった場合にも、安価で安定した電力の確保が求められます。すでに、川勝平太静岡県知事や鈴木修スズキ株式会社会長兼社長は、公式な場で「御前崎港で石炭火力を検討したい」と発言しています。浜岡原発に隣接した水深一四メートルを擁する御前崎港と既存の大送電線網を活用すれば、石炭でもＬＮＧでも高効率大型火力発電所は

可能です。

静岡県内には浜岡原発以外大型発電所はありません。浜岡原発を止めて火力発電所を作ることは電力会社だけの判断ではできません。しかし、南海トラフ地震の二二〇兆円の被害想定が出たいまこそ、「浜岡原発永久停止」は減災と被害を拡大させないための最大の政策課題となってきました。

いままで浜岡原発は、地域産業と雇用と税収に大きな貢献がありました。新たな火力発電所は、浜岡原発が稼働しなくなった場合、周辺の雇用や経済や税収にとって大きな効果が期待されます。

一方、再生可能エネルギーへの関心も高まってきました。牧之原市ではすでに、九五〇〇キロワットの風力発電施設など、地産地消のエネルギー開発を始めています。さらに、すぐには間に合わないかもしれませんが、国家プロジェクトの海洋波力発電や洋上風力発電にも挑戦していくべきだと、東海大学等と連携した越波型発電実験に参加協力をしています。一般社団法人・日本経済調査協議会とは、木質バイオマス発電の提言を行なうなど、牧之原市は先導的な取り組みを進めています。さらに、牧之原市内に賦存する全てのエネルギーを、地産地消と観光産業といった経済的側面からも利活用するよう挑戦しています。今年も、県や大学研究機関や市内外の経済団体などとも連携して積極的に進めていきます。

◆地域の将来を浜岡原発には託せない

どんな国策であろうと、国民・市民に理解されなければなりません。そして、理解するためには、専門家にお任せであってはなりません。市民が、支え合い学び合うために、支援や場づくりを自治体が担うことが重要です。原子力発電は理解が難しいために、いままでは電力会社や国や大学の専門家にお任せしてきました。そのことによって「ムラ社会」が形成され、原発事故に至る弊害を起こしていました。いまその「ムラ社会」の人々でさえもそのことを反省しています。

現代社会は、便利になっていく反面、様々なリスクに満ちています。しかし、その情報が正しく共有されることによって、利害関係者が調整し理解しあい、社会に受け入れられるようになってきましたし、危険となったものは市場や生活から消えていきました。いたずらに危険を煽り、社会を不安に陥れることは避けなければなりませんが、社会を不安に陥れないようにと慮って、隠し事をすることは認められません。そのためには、情報が隠されずに発信されること、そのことへの信頼感が醸成されることが求められます。

私たちは、浜岡原発に地域の未来を託せません。エネルギーは国策と言われてきましたが、生命と財産にかかわることは、地方から声をあげて政策形成にかかわるべきだと考え、これからも行動していきます。

三上 元

静岡県湖西市・市長

どう計算しても原発は高い！

■静岡県湖西市：人口61,560人（2013年4月）

〈プロフィール〉

みかみ・はじめ

1945年生まれ。静岡県新所村日之岡（現・湖西市）出身。
1968年、慶應義塾大学卒業。西友ストアー入社。
1983年、船井総合研究所入社。同研究所取締役を経て、
1998年に「自由人宣言」。様々な事業、社会運動に参画。
2004年12月、静岡県湖西市長に就任。現職（３期目）。
脱原発をめざす首長会議・世話人。

著書

『サービスで勝つ！一大胆な発想で心をつかめ』（ＰＨＰ研究所）
『三上元のインド旅行記』（企業福祉共済連合会）他

◆1. 悩んだ三週間・そして二年後の脱原発の映画まで

私はあの三月一一日の四〇日後の静岡県市長会の席で、「浜岡を止めてくれ」と発言し、全国紙に登場するようになりました。そして、「浜岡原発差し止め訴訟」の原告団の一人に加わり、同じく原告団の一人に加わった城南信用金庫の吉原毅理事長と知り合いにもなりました。

そして、これから浜岡原発を止める運動をしていかないと、故郷がチェルノブイリのように住めなくなってしまうぞ、と考えていた二〇一一年のゴールデンウィーク直後の五月六日夜七時、菅総理（当時）による中部電力への浜岡原発停止の歴史的な要請があり、国も真剣に考えていたことを知り、ビックリしたことを昨日のように思い出します。

市長という地位にあって、「原発はやめるべきであり、浜岡はすぐ止めるべきだ」と発言するようになったのは、事故の日から三週間後の四月一日、市役所の幹部を集めて行なう朝礼の時からです。あの三週間は、とても長く感じました。

一二年前から私は、〝脱原発〟を発言し始めたのですが、その時は船井総合研究所（東証・大証の一部上場会社）の取締役・「週刊フナイＦＡＸ」編集長でした。

しかし今は、選挙で選ばれた市長であり、国の方針に反旗を翻すことになる、それでよいのか、と自分に問うて熟慮していた時、三月末に共同通信社の全国世論調査が、中日新聞と静岡新聞に出たのでした。忘れもしません、原発推進と脱原発の割合は、四六％対四六％だったのです。事故の前は六対四で、原発推進派が多数だったと記憶していますが、こんな大事故があっても、まだ「原発をつくってよい」とか、「今ある原発は維持せよ」の意見が四六％もあったのです。その後、次々と全国紙の世論調査が発表されるのですが、半々、または推進派がやや強いものでした。

そこで私は決心しました。世論が真っ二つなら、私は片方に加担する。これは政治生命を賭けるに価する行動だ、と。これが三週間、迷った中での私の決心でした。

そして四月一日に市役所で、四月九日には浜名湖の漁協の安全祈願祭で、脱原発の発言をしました。すると、その日の夕刊に私の発言を中日新聞が載せてくれました。愛知、岐阜、三重、静岡と長野県南部には伝わったかと思います。

そして四月二一日の静岡県市長会で発言し、五月二日には大石康智弁護士の説得に応じ、浜岡原発差し止め訴訟の原告団に加わることになったのでした。七月一日からは、最終的に数万枚配ることになった「湖西市長の脱原発のメッセージ」を私の政治団体から配り始めました。

さらに夏から秋にかけて、知り合いの市町村長に声をかけ、「脱原発市町村長の会を立ち上げましょう」と訴えました。キーパーソンは二人、東海村の村上（達也）村長と南相馬市の桜井（勝延）市長と定め、一二月に東海村と南相馬市を訪問しました。二人は「やりましょう」と同意してくれました。一月に静岡県の同じ年齢の二人の首長、下田市の石井（直樹）市長（当時）と吉田町の田村（典彦）町長の同意を得ました。

そして二〇一二年一月一五日の脱原発世界会議（横浜）で世田谷区の保坂（展人）区長と国立市の元市長・上原（公子）さんの同意が得られたので、まず、呼びかけ人一〇人を集める仕事になりました。二月までかかり、やっと呼びかけ人が一〇人を越えたので、三月から四月にかけ、夕食時の酒をやめて自筆の手紙を何十人にも書き送りました。茨城県の参加者は東海村の村上村長から、長野県は木曽町の田中（勝已）町長から声をかけてもらった方々です。

私が手紙を書く時に参考にしたリストは、ちょうどその時に発表された「通販生活」（カタログハウス）のアンケートでした。「あなたの住む街の首長は、今後の原発をどう考えているのか。一六八五人の自治体トップに聞きました。」というものでした。

そして「脱原発をめざす首長会議」が現職六四人、元職六人の計七〇人で発足したのでした。一年後の四・二八の定期総会では、一六人増えて八六人になりました。

フィナーレは「湖西市を舞台に」脱原発を訴える映画です。昨（二〇一二）年一一月から市民が寄付を集め、四月までに一〇〇〇万円が集まり、映画が五月に完成し、ロスアンゼルス映画祭に出品し、六月末にはまず湖西市で上映会が開催されます。すばらしい自然に囲まれたわれわれの故郷がもし原発事故によって汚染されたなら……を訴える

山本太郎ほか）。

映画です（『朝日のあたる家』：監督・脚本／太田隆文、出演／並樹史朗、斉藤とも子、平沢いずみ、

◆2. 脱原発、八つの理由

私が作成したB４判一枚両面のビラ（「湖西市長の脱原発のメッセージ」）には、脱原発の七つの理由と、今すぐ原発を止めても、夏の昼間だけ二割節電すれば、何の問題もないことを書きました。「コピー自由」とも書き添えました。ブログも書き始めました。その七つの理由を紹介します。

第一に、我々は人間ですからミスがある。想定ミスも操作ミスもある。そして大事故が発生すれば、故郷がチェルノブイリのように二五年、いや一〇万年住めなくなるかもしれない。

第二に、テロや大型飛行機の墜落などを想定して原発はつくられていない。

第三に、今やミサイル時代。万一戦争となったら、原発は標的にされてしまう。国防上からも、原発はなくさなければならない。

第四に、日本は地震大国、津波大国であり、神戸型の直下型地震や大津波対策が、原発には講じられていない。

第五に、原発は安価ではない。廃炉コスト、使用済み核燃料の一〇万年間の保管コスト、事故の賠償コストを入れたなら、火力発電よりはるかに高価となる。

第六に、使用済み核燃料の最終処分先が決まっていない。英仏ですら決められず、フィンランドだけが決めたが、地震大国日本にそんな場所はない。

第七に、原発こそ環境破壊の元凶である。熱エネルギーの三分の一しか電力に変換できず、三分の二は海を温めているのだから、地球温暖化の主要因となる。一秒に七〇トンの海水の温度を七度上げて放出する。一秒に七〇トンといえば、青森県の岩木川級の水量だ。

そして私は最近、八つ目の理由を掲げることにしました。それは京都大学原子炉実験所助教の小出裕章先生の言う「三つの差別」の一つである「労働者への差別」です。

健康が心配な仕事は、東京電力や日立などの正社員ではなく、下請の下請へと回し、賃金ピンハネ構造の中で、一人の作業員の年間被曝数値がきちんと管理されていないのが、原発での労働形態です。未来の人々へ核のゴミを押しつけ、下請労働者へ危険な仕事を押しつける差別の上に成り立っているのが原発なのです。

◆3. 脱原発を発信し始めたきっかけ

私は、スリーマイル島原発の事故（一九七九年）にも関心はもちました。さらに、チェルノブイリ原発での事故（一九八六年）にもかなり関心をもったので、それなりの記事は読みました。そして『東京に原発を！』という広瀬隆氏の本も読んだ記憶がありますす。しかし、行動にはいたりませんでした。

しかし、一二年前の「9・11米国テロ」は鮮明に記憶があります。夜一〇時、神戸の自宅に戻ると、女房が「あなた大変よ！　テレビ見て！　貿易センタービルに旅客機がぶつかって今実況中継なのよ」と言います。さらに、単なる事故なのか、テロ攻撃なのかが議論になっている、と報じているではありませんか。

まもなく二機目が、世界のテレビが中継している中、ツインタワーのもう一方に衝突しました。テロだ。さらに三機目はペンタゴン（国防省）へ突入。盗まれた四機目の飛行機はどこを狙うのかと、はらはらして世界が注目していました。四機目は空中爆発したらしい。米軍が撃ち落としたとの説もあります。四機目はどこを狙ったのかは謎のままです。

そのとき私は、「自分がテロの首謀者だったなら？」と考えました。世界へ自分の価値観を押しつけるアメリカが憎い、目的のために手段を選ばない米国の弱点を攻撃してやろう、過去の戦争犯罪で最も大きな罪は町中皆殺しの原爆投下である、そうだ原発を狙うのだ、私はそう考えました。

次の連想は、日本の原発への攻撃です。アメリカと軍事同盟を結んでいる日本です。アメリカと敵対する国や勢力が日本の原発を狙う可能性は十分考えられます。私が敵国の軍首脳なら、日本の原発をミサイルで狙う、それが有事の最も高い確率です。

原発を持って戦争はできない。「狙って下さい」と原子爆弾を持って待っていることになるからです。そう考えた私は、「週刊フナイFAX」&メールで、「9・11テロ」から数週間、「原発を国防上からなくそう」と訴えました。しかし、私は大きなまちがいも一方でしていました。

日本の技術は、地震や津波への十分な対策が当然とられていると思っていました。一九九四年には奥尻島の大津波、九五年には神戸直下型地震があり、そのことを、地震大国日本の原子力事業関係者は想定しているはずだ、と思っていたのです。

神戸の直下型地震を経験した、新しい原発基準策定メンバーの一人、地震学者の石橋克彦先生が「こんな基準では地震対策にならない」と二〇〇六年、原子力安全委員会・耐震指針検討分科会委員を辞任したことを、そのときは、私は不勉強で知りませんでした。

市長になってから、原発の地震対策のことが心配になったのは、二〇〇七年に柏崎刈羽原発が新潟地震でかなりの損傷があったことを知った時でした。それでも、原発は地震に耐えたではないか、との声もあり、この時私は、市長として脱原発の発言を決心するまでにはいたりませんでした。柏崎刈羽原発の経験も取り入れ、日本の技術はさらに向上してゆくはずだ、と考えていました。

◆4. 日本の技術への信頼が揺らいだ

私は、フクシマの大事故は、日本の技術力への信頼を揺るがせたという大きな意味をもっている、と感じました。また、日本人の世界に対する責任という点でも、大きな汚点ではないのかと考えました。

テロやミサイル攻撃を想定しない原発をつくり、フランスのように、再処理工場からの一〇〇キロ圏を飛行禁止区域にすることもせず、軍隊が原発を守ることもしない日本。一〇万年先まで核のゴミを保管する場所もないのに、まだ新しい原発をつくろうとしている日本。事故の補償コストも、一〇万年間の保管コストも、廃炉コストも低く見積もりして、原発の発電コストが安いと発信し続けている日本。そんな日本を世界が信頼するだろうか。そんな設計思想の国の技術が信頼されるはずがない。今、福島第一原発には汚染水が一日四〇〇トンもどんどん増えていて、保管する場所がなくなりそうなときに、汚染水の増加を止める工事に着手すらできないままである。日本の技術は大丈夫だろうか。

私の不安は世界の不安であり、日本の技術力への信頼が失われつつあるのです。

◆5. 私は、原発は高価だ、を訴える

私は今年、「原発は高くつく」の一本で論陣を張ることにしました。

政権が自民党になった後の世論調査でも、七〇％の国民は「原発を早くゼロにしたい」と考えています。自民党政権は、原発ゼロにするスピードを落とそうとしているどころか、新設まで考える構えです。

それを支持しているのは経済界の半分です。経営者は、原発が危険なことはすでに知

っていました。しかし、原発による電気は安いからといって推進してきました。安くないなら、推進する理由は全くありません。原発の将来のコストが高いことを勉強しようとしない経営者がまだ残っているため、原発推進派の最後の砦は、勉強しない経営者です。

「経営者へ告ぐ、原発は高価なのです」とブログで、講演会で、ビラで最大限、訴え続けることで、経営者の中に理解者を増やしてゆくことです。

この五月に私は新たに「どう計算しても原発は高い！」と題するB４判のチラシ[★1]を作成しました。原発のコストは高いということを立証するための試算を紹介したこのチラシは、フェイスブックなどで多くの反響を呼んでいます。以下、そのチラシの内容を一部ご紹介しつつ、原発のコストについて見ていきます。

原発が高価であることを訴える要点は三つ。事故の場合の廃炉コストと事故賠償の二つの保険料に、一〇万年の保管コストです。それを棒グラフに表現するとこうなります。

（図１）

棒グラフのA（直接の発電コスト）、B（研究費など）、C（迷惑料）は立命館大学・大島堅一教授が電力会社の過去四〇年間の有価証券報告書から算出したものを引用しました。このABCの合計でも、原発のコストは一〇・二五円／kwh（キロワット時）であり、すでに火力の九・九円よりも高価なのです。

それに「六ヶ所村コスト」（バックエンドコスト[★2]）の一九兆円ほどが加わります。こ

★１）このチラシは「新しい風を・の会」発行（FAX：053-578-2891）。計算の詳細はチラシ参照。
コスト計算においては、「コスト」とする範囲や、基準とする数値などの条件によって大きな差が生じる。ここで紹介する数値はあくまで三上個人の概算である。

れは、主には使用済み核燃料を再処理して活用する夢のような核燃料サイクル計画に関わるコストですが、とてもこの金額では終わらないという指摘が多方面からあります。自民党の国会議員で脱原発を主張している河野太郎さんは、この核燃料サイクルはやめるべきだと一〇年ほど前から主張しています。

これをキロワット時のコストに換算すると、一・五五円になります。

次は一〇万年の保管コストです。最終処分場問題です。フィンランドだけがその場所を決めることができましたが、米英独仏のどの国も未だ決められません。日本でも募集していますㅤ。高知県東洋町が名乗りを上げましたが、町で大論争となり、取り下げたことはまだ記憶にある方も多いと思います。

引き受ける市町村が出現するかどうかはわかりませんが、仮に一〇カ所に年一〇億円を国から交付すると仮定すると、年間一〇〇億円のコストが発生します。いま原発が存在する市町村に全国で合計すると年間約一六〇〇億円もの交付金＝迷惑料を支払っていますので、年間一〇〇億ぐらいは支払わなければどの市町村も引き受けないでしょう。「3・11」の前に交渉していたといわれる地震のないモンゴルも候補地のひとつかもしれませんが、カネの力で他国に危険な核のゴミを押し付けていいのかという倫理的な問題も考慮すべきでしょう。

この年間一〇〇億円の保管コストを一〇万年で合計すると一千兆円です。それを五〇基で割り、稼動年数四〇年で割ると、原発一基当たりの年間コストは五〇〇〇億円とな

★2）バックエンド：原子力発電所で核燃料を燃やした後の工程のこと。使用済み核燃料の再処理（青森県六ヶ所村）、使用済み核燃料の中間貯蔵、高レベル放射性廃棄物の輸送・処分等に関わる諸費用のことを「バックエンドコスト」という。

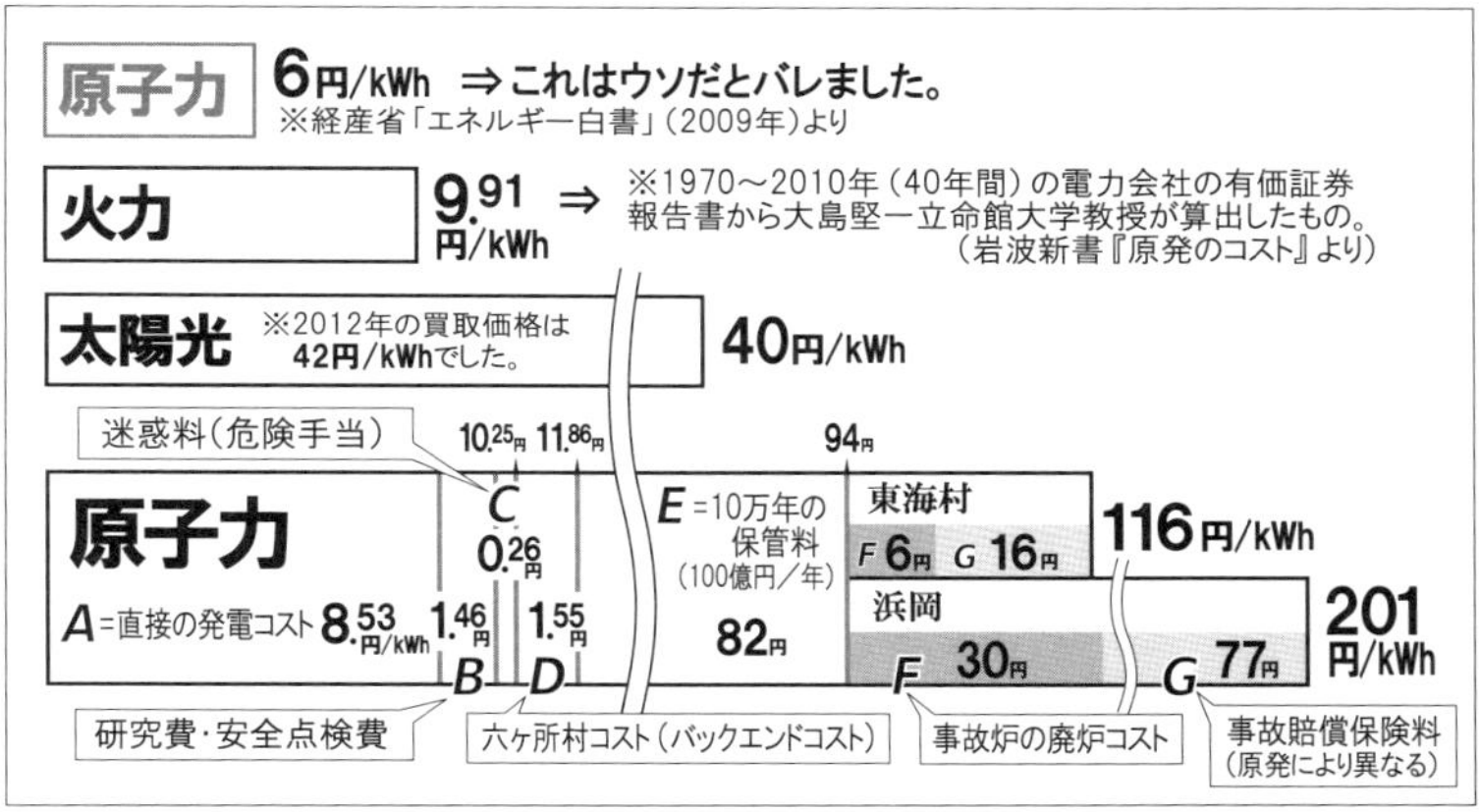

図１

り、キロワット時当たり八二円と計算できます。（新設は、もはや無理と考えての計算）

次は事故時の廃炉コストです。事故を起こした原子炉は、寿命で廃炉にする場合とは桁ちがいのコストになります。福島第一原発は汚染水の増加すら止められず悪戦苦闘しています。これからどれだけの費用がかかるのかは全く計算できません。ここではチェルノブイリの例があり、二五年間で一九兆円が投入されており、さらに追加のコストが見込まれています。仮にこの事故炉の廃炉コストを一九兆円と仮定して、東海村（東海第二原発）なら五〇〇年に一回の確率[★3]で事故が起こると計算して、保険料としてキロワット時当たり六円、浜岡（浜岡原発）なら三〇年に八七％の確率で直下型地震

★３）福島第一原発の事故実績に基づく国内の事故発生頻度。

が起こるとされていますから、地震の確率は事故の確率と同じと考えて、保険料としてキロワット時当たり三〇円と算出されます。

次はいよいよ最も重要な事故賠償保険です。チェルノブイリを見ても除染は無理なのです。人類には放射能を無毒化する力はありません。除染とは、地表を五cmとか一〇cm削って他へ移動させるだけなのです。

そこで除染は考えず、汚染された土地を買い上げる計算をしました。東海村の三〇キロ圏の土地と建物を買い上げ、住民には立ち退き料を支払う計算にしました。その計算で私の概算は四九兆円が東海村でかかります。五〇〇年に一回の確率で計算すると、キロワット時当たり一六円になります。浜岡の直下型地震の確率は「三〇年で八七％」なので事故も同じと考えて、また賠償額は東海村と同額と仮定すれば、キロワット時当たり七七円となります。

この保険料は、原発によって異なります。周辺の人口と事故の発生確率によります。たぶん最も高い保険料は浜岡で、次は東海村でしょう。この保険を引き受ける保険会社はないでしょうから、すでに地震保険の再保険を国が引き受けているように、国が引き受けることになります。

それらのコストを合算すると、浜岡でキロワット時当たり二〇一円、東海村は一一六円になります。一〇万年の保管料を除いても、浜岡が一一九円、東海村は三四円です。火力発電の三倍以上ですから、保険に入ることを義務付ければ、少なくともこの二つの原発は高価になるため稼動しないという選択になります。

火災保険に入っていない会社はありません。事故を想定せざるを得ない「3・11」後は、企業経営者の義務として保険に入るべきです。保険に入らない会社は、「事故になったら責任は持ちません。その時は国民の税金でお願いします、今回の東電のように」という姿勢だということです。

◆6. 保守派には国防論で対抗

いくら高価でも原発をつくりたい人々がいます。それは、国防のために原子爆弾をつくる能力を持ち続けるべしと考える核武装派です。この種の人々は、原発をもっている時の危険よりも、原子爆弾をつくる能力をもつことのほうが大切だと考える、有事の先制攻撃派です。自分も弱点をもつが、相手を攻撃する力をもつことに比重を置く人は、日本に五％ぐらい存在します。

通称、右翼ですが、今回のフクシマの事故で、右翼も半分に割れています。原発は国防上、相手国の標的になり、先制攻撃されたなら国が亡びるような危険物はなくすべきだ、とする人々も当然存在します。こちらが右翼の主流になることを期待したい。

思えば昨年（二〇一二年）一一月一日、城南信用金庫など数十の信用金庫が「〝よい仕事おこし〟フェア」を東京ドームで行ない、そのとき、脱原発の論客二〇人ほどによるスピーチがありました。その一人に小林よしのり氏がいました。彼は「私は保守派の中から〝裏切り者〟と言われています」と発言していました。

私は、近くにある二つの自衛隊基地（豊川と浜松）の式典や祭りに招かれますが、現役やＯＢの自衛隊員の方々に、「国防上から原発をなくすべしと発言してほしい」と訴えています。

◆7. 世界の情勢

アメリカでは、一九七九年のスリーマイル島原発事故以降、新しい原発の計画の認可は凍結され、「3・11」フクシマ以降は新規原発計画が次々とキャンセルとなっています。今ではシェールガスが安価になったことから、原発は採算上投資する価値はないと言われています。

オーストリアでは、一九七八年に五千億円かけてつくった原発を、その年の国民投票で廃炉に決めました。その翌年にアメリカのスリーマイル島事故が起き、以後原発はつくられていません。これを知った私は、オーストリアの人々を尊敬するようになりました。二つの大事故の前に、脱原発を決めたのですから。

イタリアでは、一九八六年のチェルノブイリ事故の翌年に国民投票で脱原発を決め、二〇一一年六月に再び国民投票を行ない、九四％の圧倒的多数で原発再開を否定しました。

フランスは、発電量の七四％を原発に頼っている国ですが、「3・11」フクシマの翌年春、オランド大統領が登場し、原発の比重を二〇二五年までに五〇％に下げる方針を掲げています。

ドイツは地震のない国ですが、二〇二二年までに全ての原子炉を止めることを決めました。倫理委員会（安全なエネルギー供給のための倫理委員会）の決定に国が従ったのです。

一方、開発途上である中国・インド・トルコ・ベトナムなどの国は、原発を続ける方針を変更しておらず、日本メーカーもそれを受注しようとしています。これらの国には、原発のコストが高いことを知らせる必要があります。

◆8. これから、どうすればよいのか

先の「どう計算しても原発は高い！」のチラシには、以下の三名の方からメッセージを寄せていただきました。それをここでご紹介させていただきます。

小出裕章さん（京都大学原子炉実験所助教）：「原発は、仮に事故を起こさなくても核分裂生成物（放射能）を作り出します。残念ながら人間には、その放射能を無害化する力はありません。その毒物は一〇万年、あるいは一〇〇万年、毒性を保有しながら、未来の世代の重荷になっていきます。このゴミが未来の世代にどれだけの金銭的、精神的、肉体的負担を強いるのかということを経営者の皆様にもお考えいただきたいと思います。私は、一刻も早く原子力発電所を廃絶したいと願っています。」

田坂広志さん（多摩大学大学院教授、元内閣官房参与）：「二〇一二年九月一一日、日本で最高権威の学術会議が内閣府原子力委員会に『現在の日本において一〇万年の安全が求められる地層処分を実施することは適切ではない』という正式な報告書を提出しました。地層処分を日本で実施することは適切ではないということは、数十年、数百年使用済み核燃料はそのまま保管しなければならないわけで、発生する廃棄物の上限を決めておく総量規制を実施しなければならなくなります。そして総量規制が実施されると、遅かれ早かれ原発は止まります。これは推進、反対は関係ありません。原発ゼロというのは〝政策選択の問題〟ではなく、〝不可避の現実〟であるということです。」

吉原　毅さん（城南信用金庫理事長）：「3・11後、日本に原発一〇基に相当する自家発電設備が増設されました。設備的には電力はもう不足していません。すると、原発が必要か否かはコストの問題だけになります。アメリカの大手電力会社は、原発建設を次々とキャンセルしています。各種の火力発電に比べて原発のコストが高いからです。『原発は高コストだ』は、世界の常識になりつつあります。」

これから、原発はどうすればいいのでしょうか。私は次の六つを訴えています。

一、新しい原子力発電所はもうつくらない。建設中のものも中止する。

二、当面は液化天然ガス発電を増やし、長期的にはクリーンエネルギーへ。再生可能エネルギーの固定価格買取制度を続ける。
三、地熱発電、潮力発電、蓄電池技術などへの研究開発費を増やす。
四、送電と発電を分離し、送電会社は公共企業的な位置づけとする。
五、原発再稼動の条件に損害賠償保険に加入することを義務付ける。保険は政府が引き受ける。
六、夏の二カ月間、平日の昼間の電気料金を二倍に引き上げて、節電を促す。

原発をどうするかは、科学の問題でもあり、倫理の問題でもあると思います。核エネルギーが登場して六八年経ち、核のゴミを無害にする研究も行なわれていますが、「除染」はいまだ不可能で、「移染」すなわち、汚れたものの場所を変えるだけだと知りました。

福島第一原発から六〇キロの伊達市の学校を見学した時、表面の土を校庭の隅に穴を掘って埋めていました。どこにも引き取ってくれる場所がないので、同じ学校の一角に埋めておくのです。これを「除染」と言っていました。

わが湖西市も、浜岡原発から六〇キロですから、浜岡原発で福島第一原発と同様の事故が起きれば、伊達市と同じことが発生します。

また、やはり福島第一原発から六〇キロにある福島市の放射線量は、二〇一三年四月の測定によると、ほとんどの支所で国の定めた危険値・毎時〇・二三マイクロシーベルトを超え、中には四倍を上回る支所もあります。原発から六〇キロ圏とは、原発の地元そのものであることをお伝えして、しめくくりとします。

〇夏だけ二割節電すれば、原発はなくせる。

〇原発は、十万年間の保管コストと事故の賠償コストを加えれば驚くほど高価なのです。

曽我逸郎

長野県中川村・村長

地域での暮らしを問い直し、自分なりの楽しみを創り出そう

■長野県上伊那郡中川村：人口5,211人（2013年5月）

〈プロフィール〉

そが・いつろう

1955年、長崎県対馬生まれ。滋賀県に育つ。
1981年、京都大学卒業。
同年、電通に入社。営業部長を経て、2002年退社。
長野県中川村に移住。
2005年５月、中川村村長に就任。現職（３期目）。

著書

『ベーシックインカムの可能性』（共著／ロゴス）他

◆「日本で最も美しい村」

中川村は、「日本で最も美しい村」連合に加盟している。「最も美しい村」はフランスに発し、イタリアやカナダ、ベルギーにも広がる運動だ。日本では二〇一三年三月時点で四九の町村と地区が加盟しており、福島県飯舘村もその仲間だ。

飯舘村では、「までい」を合言葉にして村づくりの努力を積み上げてきた。「までい」とは「両手で、手を抜かず、念入りに」といった意味だそうだ。

飯舘牛として有名な畜産をはじめとする産業振興、教育、女性の活躍など、数々のユニークな取り組みが重ねられていた。しかし、それらのすべてが、東京電力福島第一原発の放射能災害で台無しにされてしまった。

テレビの報道で忘れられない場面がある。春浅い裏山の小さな祠に隣組の数軒の家族が酒や料理を下げて集まってくる。日が傾いた頃、「もうこのお祭りも二度とできないかもしれないなぁ」と呟いて、一家族、二家族と去っていき、最後に祠だけが残った。計画的避難区域に指定され、訪ねる人もなくなり、祭りは途絶え、見かけは変わらぬ季節の移ろいのまま、しかし放射能にまみれて、この祠は朽ち果てていくのだろう。

おそらく江戸時代かもっと古くからかもしれない、ささやかでもその土地で大切に受け継がれてきた祭りや伝統、文化を、放射能は無残に断ち切ってしまう。その瞬間をまざまざと示す象徴的な場面だった。

地震や津波だけなら、生き残った人たちは、復興をめざして心を一つに団結することができる。しかし、放射能汚染は性質が悪い。お年寄りの、先祖代々受け継いできて自分も手塩にかけて守り育ててきた農地や屋敷から離れたくない思い。その一方で、幼い子供の健康が不安でたまらない若妻。子供と妻を連れて避難したものの、仕事が見つからず、やむなく一人汚染地に戻り原発事故収束作業に仕事を求める父親。

放射能は、家族や地域をばらばらにする。無責任な言辞で人々を混乱させ、何を信じるべきか、争いの種をまいた「専門家」もいた。孫たちの避難の足手まといになりたくないと言い残して自殺した、百歳を超えるおじいさんもいたそうだ。

◆一番大切にすべきもの

飯舘村の裏山の祭りと同じような祭りが、中川村の私の暮らす地区にもある。サクラやレンギョウが咲き競う春、りんご畑の中の四阿《あずまや》にお年寄りから赤ちゃんまで隣組が集まって、五平餅を焼いて手料理を廻し、都会に出た若い者の様子や身体の調子を気遣い合う。

このようなそれぞれの地域ごとに古くから受け継がれてきた文化と、そこに寄り集う人々の暮らしこそ、一番大切にすべきものではないのか。まさに日本を「美しい国」たらしめるものだ。しかし、原発災害は、一瞬でそれを破壊する。その原発を、安倍首相は性懲りもなく再稼働させようとしている。その理由は何なのか。目先の経済か、核に絡む何か密約でもあるのか。いずれにせよ、真の意味の「美しい国」や人々の平穏な暮らしを犠牲にして許される理由はない。

◆「専門家」の知見とは

ドイツの脱原発の決断は、「安全委員会」ではなく「倫理委員会」によるという。キリスト教の聖職者や哲学者などがそのメンバーだった。原発は、ウラン採掘現場や原発内部で働く労働者、原発周辺の広い範囲に暮らす住民、そして、数十万年先の生態系にまで、被曝のリスクを負わせる。永劫ともいえる未来の人々に、放射性廃棄物安全管理の責務を負わせる。そんなことを今の我々の経済や利便性を理由に正当化することはできない。それが「倫理委員会」が脱原発を決めた理由だ。

日本では、原子力の科学技術者や経済学者に安全性や経済性を分析させ、それで専門家の知見を聞いたことにしている。しかし、それらの専門領域だけを選んだ背景には、当面の安全性を主張できれば再稼働させよう、経済的有利さが言い繕えれば再稼働させようという意図が、あらかじめ隠されているのではないか。

◆問われる暮らしのあり様、人生の価値

東京電力福島第一原発による災害は、安全か否かとか、損か得かといったレベルを突き抜けた問いを私たちに突きつけている。倫理的側面からのドイツの判断は、それに対する一つの答えだろう。しかし、原発災害が突きつける問いの射程は、単に原発をどうするかには留まらない。私達の暮らしのあり様、人生に何を価値とするか、といった深いテーマが問われている。

原発が停止して太陽光発電や小水力発電など自然エネルギーへの意欲が高まった。行政にも太陽光発電への補助を望む声が増えた。自然エネルギーによる発電に取り組む自治体も多い。しかし、原発がダメなら自然エネルギーで、という発想は、問題意識として間違ってはいないだろうが、射程が短いのではないだろうか。

原子力発電を太陽光発電に置き換えるだけでは、暮らしを深く見直すことにはならない。私たちはどんな生き方を望むのか。この問いこそ、今、突き詰めて考えねばならない。

私たちは、これまで、豊かさを「より便利で快適で欲望を叶える消費をすること」と考えてきたのではないか。大量に消費すること、より高価な商品、サービスを消費すること。それが個人のステータスでもあったし、社会の「経済成長」でもあった。しかし、それは我々に、幸せ、真の豊かさをもたらしたのだろうか。

国民の幸福感は、ＧＤＰや一人当たりＧＤＰとは関連が薄く、平均所得が低くても格差の少ない社会ほど、幸福感は強い、という調査があった。また、韓国、フィンランド、日本の学生を対象に他者への信頼感、警戒心を調査したところ、日本の学生は、他者への信頼感が格別に低く、警戒心が強いのに対し、フィンランドはその逆、韓国は両国の間、という結果が出た（木村忠正「ＪＦＫ大学生比較調査」）。

原発災害が破壊したものを目の当たりにし、このような調査結果と中川村の暮らしとを繋いで考えると、我々の今の社会への反省と、これから目指すべき社会のあり方について、深い思いに至らざるを得ない。

◆競争で淘汰される社会か、違いを受け入れ支えあう社会か

毎年三万人が自殺する日本では、子供たちの教育から労働に至るまで競争を強い、淘汰される恐怖で人々を駆り立てて、社会の効率化、スピードアップを図っている。自分を殺して働き、得た賃金で商品やサービスを消費することを喜びとして、精神のバランスをとっている。労働と楽しみとが異なる時間と場所に分断されているのが、今の日本の社会だ。数値化される生産と消費が多いほど、経済統計上は豊かな社会かもしれない。しかし、人は幸せなのか。

それに対して、原発災害によって破壊されることで気づかされたのは、互いに違いを受け入れあい支えあい、しばしば金のやり取りなしに営まれる地方の暮らしだ。

誰もが、自分にできる範囲、できるやり方でご近所社会に貢献し、思い遣りあう。かつ、ご近所社会の一員であるだけでなく、個人としても自分の好きなこだわりにいそしむ。

◆操られた欲望でない、自分らしい楽しみ方

例えば、誇りにできる農作物をつくることに情熱を傾ける農家がある。山菜やキノコをとってきてふるまう人もいる。子供たちのスポーツ指導、音楽や美術、工芸などの文化活動など、それぞれが自分の好きなことに熱心に取り組む。中川村ではおばあさん達の「ふみの会」が、日々の暮らしを綴った文芸誌をもう二〇年以上発行し続けている。ここでは、商品やサービスを金を払って消費することではなく、みずから何かを生み出すことを楽しみにしているのだ。

商品化の埒外にあるこのような楽しみは、金額換算されて産業生産高に貢献することは少ない。しかし、広告で操られた消費の楽しみよりも、自分らしい楽しみ方ができる。また、このあり方であれば、仕事と楽しみが分断される度合いは低い。

先日は、梨の品評会で何度も表彰されているおじいさんが、膝の手術をした退院の翌日、もう梨の剪定をしていた。丹精込めた木の様子に気もそぞろなのだ。

それに対して、原発が象徴するのは、大規模集中型の経済だ。大量のエネルギーを生産し、贅沢にそれを消費する。数値化された経済規模については拡大していくだろうが、その中で暮らす人々を細切れに分断し、労働を自分を殺しながら耐え忍ばねばならない

ものにする。生み出し育てる楽しみを、広告で操られた消費の欲望へと貶める。そして、ひとたび原発で事故があれば、放射能災害は、支えあいの地域コミュニティーをばらばらに壊し、受け継がれてきた文化や伝統を根絶やしにしてしまう。

◆アンチテーゼとしての地方

数値化によってはこぼれ落ちてしまう本来の豊かさを取り戻すためには、原発を再稼動させないだけでは不十分だ。原発が象徴するところの、大規模化と集約による大量生産・大量消費の経済にアンチテーゼを示す必要がある。地域の伝統文化を受け継ぎ、共助の精神が残り、農業や文化活動やスポーツなどみずから生み出す楽しみの盛んな地方の農山漁村は、それになれる。

勿論、都会に暮らす人々も含めて、この時代のみんなの生き方が一挙に変わることはあり得ないだろう。しかし、地方に暮らす我々が、外部資本に頼らず、地域の良さ、可能性、資源を活かし、自分達の得手とする能力を持ち寄って、自分たちの裁量でことを進め、贅沢はできなくても手応えのある日々を過ごしていけばどうだろうか。原発が代表する古いライフスタイルを都会で送る人たちも憧れてくれるのではないか。

そんな風に、今とは別の、目指すべき本来の生き方を提示し、人々に生き方を見直すきっかけを提供できる村に、中川村はなりたい。

澤山保太郎

高知県東洋町・前町長

核のゴミ捨て場を拒否して、福祉・教育のまちへ

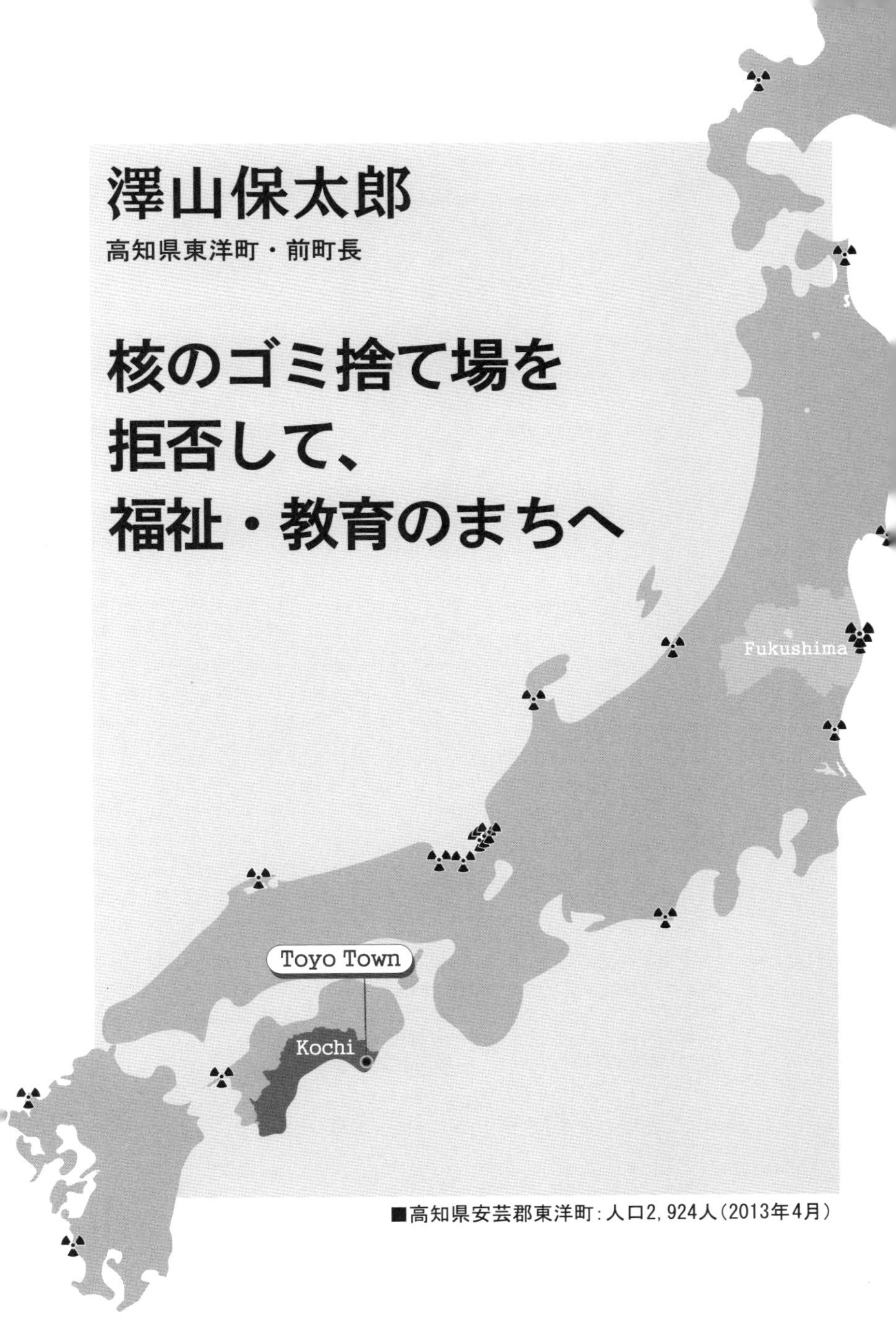

■高知県安芸郡東洋町:人口2,924人(2013年4月)

〈プロフィール〉

さわやま・やすたろう

1944年生まれ。
立命館大学文学部卒業。
社会運動の経験を経て、帰郷。学習塾を経営。
1999年〜2001年と03年〜05年の期間、高知県室戸市市議。
同時期オンブズマン活動も展開、「行政の透明性」を主張。
2007年４月〜2011年４月、東洋町町長（１期４年）。
玄海原発プルサーマル裁判を支える会会長。

著書

『橋本大二郎闇の真相』（「橋本大二郎闇の真相」編集委員会）他

◆はじめに

東洋町は、高知県の東端にある人口三千人弱の小さな町です。二〇〇七年に日本政府及び原子力発電環境整備機構（略称：原環機構・ＮＵＭＯ）によって、高レベル放射性廃棄物の地層処分地として認定され、正規に調査（文献調査）が始められました。私や町民をはじめ多くの国民の力でその政府の試みは阻止され、調査活動も中止となりました。

私たちの町がなぜ高レベルの核廃棄物の受け入れに反対したのか。私は佐賀県の玄海原発プルサーマル裁判にも関わっていますが、玄海原発の再稼動、とりわけそのＭＯＸ燃料を使ったプルサーマルをめぐる裁判での私の意見陳述[★1]をもとに、その理由を簡単に述べます。

原子力の利用については、①核兵器という軍事利用の脅威、②稼働中の原発の事故の恐怖、③軍事利用・平和利用によって生じる核廃棄物の処理の不確定の三つの問題があるとされていますが、特に③について重点的に意見を述べます。

★１）2013年３年１日、佐賀地方裁判所における公判・玄海原発プルサーマル裁判での意見陳述。

◆巨大事故の確率

周知のとおり、原子力発電は、広島・長崎に投下された原爆など第二次世界大戦中の核爆弾開発の副産物として、核爆弾製造の「平和利用」ということで生まれたものです。

当初から懸念されていたそれの人類に与える破滅的脅威は、アメリカ・ペンシルヴァニア州のスリーマイル島（一九七九年）、旧ソ連（現ウクライナ）のチェルノブイリ（一九八六年）、そして日本の福島第一（二〇一一年）での原発事故という形で最大限に実証されました。

原子力推進派の学者たちの予想に反して、これまでの経験に拠る確率では、少なくとも数十年に一度は原子炉のメルトダウンによる巨大事故が現出すること、また原発の緊急停止事件を数えると、それと同等の大事故が起こった可能性は世界各地で毎年のように存在していたことが明らかになろうかと思います。

福島の大事故以前のように日本で五十数基も原発の稼働が続いていくとしたら、原発施設自身の欠陥や人為的ミスに加えて、火山活動が活発で大地震が頻発する日本列島では、福島やチェルノブイリ級の巨大原発事故が次々と起こっていくであろうということは容易に推測することができると思います。

◆増え続ける核廃棄物

しかし、ここで私が述べようとすることは、稼働している原発の危険性についてではありません。私たち東洋町が高レベル核廃棄物の受け入れを拒絶した理由は、仮に原発が何の事故もなく完璧に安全運転され、効率よく稼働されて国民に喜ばれる大容量の電力を供給できたと仮定しても、それであればなお一層、私たちは原発が生産し続ける廃棄物（特に使用済み核燃料）のゆえに、これに反対しなければならないということです。

原子炉で一グラムのウラン燃料を燃焼させれば、必ず一グラムの使用済み核燃料、核廃棄物（死の灰）が発生します。薪を焚けば、その数一〇分の一の少量の無害な灰が残るだけですが、原発はそんなものではありません。

一〇〇万キロワットの原発では、一日三キログラムのウランが分裂し、三キログラムの核廃棄物が残されます。そして生産された核廃棄物の毒性（放射能）は、もとのウラン鉱石と比べると一億倍にもなると言われています。

いま、一九九一年の湾岸戦争で米軍がイラクを攻撃するのに使ったウラン弾の被害は、イラク住民や米軍兵士の身体に深刻な影響を及ぼし、次々と悲惨な病変が発生していることが報道されていますが、原発からの核廃棄物の害毒は想像を絶するものがあります。

現在、日本の原発の敷地内には一万七千トンもの核廃棄物が滞留されていると見積もられて、各原発のサイトでは、数年すれば自らが生み出した核のゴミの置き場がなくなり、最近のＮＨＫの報道特集番組でも、全国の原発稼働は廃棄物の処理の困難さだけからも、これを止めるほかない、という事態に確実に差し掛かると指摘されています。

電力会社の資料によると、玄海原発の場合は、使用済み核燃料の保管事情は特に窮迫していて、あと二、三回の取り出しで満杯になる見通しであり、再処理工程の行き詰まった青森の六ヶ所村への搬出も難しい状況となっていることから、これ以上の操業は不可避的に不可能な状況と思われます。

玄海原発三号機は、ＭＯＸ燃料を燃やすプルサーマルです。プルトニウムはウランよりも二〇万倍も毒性が強いと言われますから、プルサーマルに使われるＭＯＸ燃料（ウランとプルトニウムの混合燃料）の使用済みの核廃棄物の毒性も、通常の原発の廃棄物に比べるとさらに強くなり、中性子の量が十数倍、発熱量でも数倍増大し、高熱のため地層処分が五〇〇年間はできないとされています。

原発の使用済み核燃料の処理として日本は、これを再処理工場に送ってプルトニウムを取り出して燃料として循環再利用することを企図してきましたが、仮にこれがうまくいったとしても、使用済み核燃料棒を裁断し溶解するなど再処理の過程で出される厖大な高レベル放射性廃液の処理が、また雪だるま式に増大していきます。

プルトニウム一グラムは優に四千万人の一年分の一般人吸入摂取限度に相当するというおそろしいものですが、現在日本はすでに、四五トンものプルトニウムを保有するに至っています。このプルトニウムをどう処理するのか、軍事利用が公然とはできない日本は、これを持て余しています。

◆何万年も安全に保管できる場所などない

日本は、高レベル放射性廃液はガラス固化体にして地層深くに埋設して処分する計画ですが、いまだにその処分地も定まっていません。

プルトニウムなど猛毒の放射能を何万年という期間、半永久的に安全に保管することができるでしょうか。原子力の恩恵を何も受けない世代の人類が、代々に渡って多額の費用と労力を費やしてその施設を防護してくれるでしょうか。

これまでにもアメリカ・ワシントン州のハンフォードや旧ソ連のチェリヤビンスクのマヤクで、大規模な核廃棄物の集積場が爆発したり、多量の放射性廃液を流失させていた事件がおこっています。

昨年（二〇一二年）九月に日本学術会議は、その地層処分は日本では不可能だという見解を発表しました。そんなことはわかりきったことであって、日本のような地震国で、しかもとびぬけた多量の降雨地帯、地下はどこを掘っても豊かな水に浸っていて、その上過去の地震による地下断層が入り乱れ、岩石がボロボロのところで、高レベルの核廃棄物の地層処分などできるわけがありません。

高熱で中性子など危険な放射線を発散させる種々の核種が混在する高レベル放射性廃液を、ガラスや鉄、粘土のバリヤで包んだとしても、それらは瞬く間に腐食したり崩壊しますから、結局、超危険な核廃棄物を、一時的に土をかぶせて人眼から隠蔽することにしかなりません。地下で何かの事故があっても、誰にその埋設施設の修復作業ができるでしょうか。

たくさんの交付金を付けると言っても、東洋町をはじめどこの市町村からも、プルトニウムの鉱山と化す最終処分地を引き受けようという土地は、一つも出て来ません。

それを引き受けるということは、特段の事故がなくても、プルトニウムの活火山の上で暮らすのと同じことになります。大地震でも起これば、ただちにその町や村の廃村、廃町を意味するのであり、除染することが不可能ですから、何万、何十万もの広範囲の地域の住民は、故郷を追われ流浪の民となるしかありません。

◆大金を積まれても故郷は汚染させない

二〇〇七年一月、太平洋沿岸の高知県の一寒村である東洋町が、その高レベル放射性廃棄物の地層処分の用地を提供するということで、最終処分の実施機関であるＮＵＭＯの調査を受け入れることになりました。

その一年前の二〇〇六年夏ごろから、町長や議員が経済産業省の職員などと、高レベル放射性廃棄物の地層処分について「勉強会」をはじめていました。「処分地の調査を受け入れるだけでも大枚の交付金がおりてくるから」というのがその理由でした。

埋め立てられる高レベル放射性廃液は、ガラス固化体となって、子どもの大きさほどの容器（キャニスター）に入れられ処分場に運び込まれる、ということでしたが、その強度の毒性のため、一〇〇万年は人間界から隔離しなければならない、と言われているものです。

東洋町住民の大多数がこの企てに反対をしました。日本全体の何万分の一の電力しか消費しない小さな町が、どうしてその恐ろしいキャニスターを四万本も受け入れなければならないのか。一寸の虫にも五分の魂がある。住民たちは決然として団結し、国家に対して抵抗を開始したのでした。

しかし、巨額の交付金目当ての町長は、民意を無視して、最終処分の掘削地点の調査受け入れの申し入れをし、実際に正規の調査が開始されてしまいました。

東洋町はかつて昭和四〇年代にＮＨＫの「現代の映像」というドキュメンタリー番組に取り上げられ、極めて保守的で政治的意識の遅れた町として紹介されたことがありました。

しかし、そのような町であっても、町民たちは放射能の危険性に目覚め、町長や一部議員が推し進める最終処分場の受け入れに反対して立ち上がりました。そして住民投票を視野に入れた町長のリコール運動を展開し、圧倒的なリコール署名を前に町長を辞任に追い込みます。

そして二〇〇七年四月の町長選挙で、ついに核受け入れ推進派の前町長を落選させ、核反対派の町政を確立したのです。三千人足らずの住民たちは、いかに貧しくとも、静かで美しい故郷での生活の貴さを迷うことなく選択したのです。

町長に就任した私は、直ちに高レベル処分場立地調査への応募を取り下げ、これを受けてＮＵＭＯも調査中止を決定、経産省も調査中止の事業計画変更を認可しました。

自分たち一代の贅沢のために、人知では始末に負えない、地上の全ての生命を何度も破滅させるほどの厖大な量の、燃え盛る危険物を子や孫に残していいものでしょうか。

ここ一〇年か二〇年のうちには、日本でも世界でも「エネルギーを原子力に依存しない」という社会が急速に近づいています。

原子力から何の恩恵も受けない未来の人類に、すでにある一万七千トンもの核廃棄物の貯蔵施設の管理を任せ、これを自然の腐食や地震の震動、津波の襲来、戦争やテロ等々、ありとあらゆる事故から厳重かつ完全に遮蔽し、何千年何万年もこの危険物の維持管理を続行することを強要する、そういう権限が私たちにあるでしょうか。

私たちが受ける放射能の被害は別としても、エネルギーのことで少なくともこれ以上の迷惑を子孫に負荷させないことが、人間として最低限の道徳ではないでしょうか。

◆町民は知らされていなかった

ＮＵＭＯの文献調査を中止させた私は、次に「東洋町放射性核物質（核燃料・核廃棄物）

の持ち込み拒否に関する条例」を議会に提案しました。

前町長が町民に知らせずに核廃棄物処分場の誘致を進めていた経緯から、条例には、「町長らの義務」規定として「町長、副町長、教育委員、農業委員、町議会議員、町職員ら公務員」は、「東洋町への放射性核物質の情報については速やかに町民、近隣市町村、高知、徳島両県知事に知らせ、これを隠してはならない」と明記しました。

憲法九五条には、「一地方公共団体のみに適用される特別法は、……住民の投票においてその過半数の同意を得なければ、国会は、これを制定することができない」と定められています。しかし、前町長は、町民の民意を図ることなく、独断で放射性廃棄物の処分場立地調査へ応募しました。東洋町では町民の同意なしに核廃棄物の処理特別法が適用されるところでした。これは憲法違反です。

もし、東洋町で住民投票が実施されていたなら、町長のリコール運動をしなくても、町民は自らの意思の表明でもって決着できたはずです。首長の独断に歯止めをかける規定も必要だと考え、条例には「知らせる義務」を明記しました。

多くの町民に傍聴してもらおうと、五月二〇日の日曜日に臨時町議会を開き、核持ち込み拒否条例は、全会一致で制定されました。

◆原発マネーなしでまちの活性化はできる

前町長が核廃棄物の処分場に手を上げたのは、巨額の交付金に惑わされてのことでした。ですから、私は町長として、巨額な核の交付金がなくても東洋町は自分たちの力で十分に生活が改善できる、と実証する必要がありました。

私が取り上げた主要な施策は、次の五つでした。①福祉と教育の充実、②産業復興、③雇用・失業対策の開始、④公共施設の整備、⑤借金の減少（健全財政）。

私は、節約を心がけました。公共事業などの見積もりを厳しく査定し、たとえば二千万円の予算をつけた工事の場合でも、千二百万円で工事を行ない、残った予算で付帯工事をやれるようにしました。以前は、二千万円の予算がつけばまるまる予算を使い、付帯工事にはコブのように追加費用が必要でした。また、公正平等な入札を実行したので、地元の土建業者に多くの仕事が行き渡るようになり喜ばれました。

全国の道の駅や海の駅は大概、億単位のお金をかけていますが、東洋町では木造ということもあって、海の駅は追加工事をあわせても四千万円ほどでつくることができました。海の駅の建設には国と県からの交付金を当てて、町からはほとんど出していません。

海の駅をつくるときには「赤字になるからだめだ」と議会で猛烈な反対にあったので、五〇〇万円ほどのプレハブ小屋での仮店舗からはじめました。プレハブ小屋の仮店舗でも、年に四～五千万円の売り上げがあがり、ようやく議会で海の駅設立が認められました。わずか一票差でした。

町民は隣の徳島のスーパーへ買い物に出かけ、東洋町は漁師町なのに魚屋がつぶれていました。人口は減っていたので、地元向けだけでは商売は成り立たなくなっていました。東洋町白浜の海浜公園は、従来から夏の海水浴客などで賑わっていましたが、海の駅ができてからは、逆に徳島方面から新鮮で安い魚を求めて買い物客が来るようになりました。海の駅を設置してから数年間は、年間数万人ほどだった来客数が毎年一三万人から一五万人へと激変しました。

海の駅には、一〇〇人を越える生産者らが年中無休の店を開き、嬉々として出品を続けていましたが、残念ながら昨二〇一二年七月二六日の夜、何者かによって建物が炎上させられ消失してしまいました。

◆福祉事業×町の産業復興策＝借金減

お年寄りや子どもへの米の配給事業の目的は二つありました。まず配給する米を地元の農家から町が直接購入しました。農家が農協に卸すときは一俵六千円台のところを、まちでは一俵八千円で買い取り、購入した米を町のお年寄りに配給しました。町でつくったコメを町の人が食べるシステムに変えようとしたのです。

町民はスーパーなどで三〇キロ一万円以上の高い米を買っていました。一方で、農民は安く米を買いたたかれ苦しんでいました。だから、流通のシステムを変えようとしたのです。

デイサービスと配食サービスの無料化にも別の目的がありました。デイサービスの場合で言えば、利用料五〇〇円を払っても、帰りに五〇〇円分の商品券を渡して還元し、実質無料としました。商品券を発行して、町内の商店街の活性化をねらいました。団体などへの補助金や各種の給付金もできるだけ現金を避け、極力地元でしか使えない商品券を支給することにしました。

また、使われずに放置されていた自然休養村の施設を改修し、温浴施設の営業をはじめました。ここでも、一回の利用料金は六〇〇円ですが、五〇〇円分の商品券を渡していたので、実質一〇〇円です。地元の人は一カ月三千円ですが、一五〇〇円分の商品券を返していたので、実質一カ月一五〇〇円としました。

この温浴施設は地元のお年寄りだけでなく、町を訪れるサーファーにも人気がありました。徳島からもお客さんが来ました。町外の利用客も、商品券を東洋町で使うことになりますから、町内の商店の活性化に役立ちました。ありがたいことに職員組合との団交の結果、職員の給与のうちの五パーセントでその商品券を買っていただくことになりました。町内には年間一億円分ほどの商品券が出回りました。

温浴施設のお風呂は薪炊きのボイラーだったので、町に豊富にある間伐材や廃材を利用していました。ですので、燃料費はほとんどかかりませんでした。NHKなどの取材や町外からの見学者も多く訪れました。

また、東洋町唯一の高層ホテルで、町にゆかりのある「白浜ホワイトビーチホテル」を地元民間の資金で買い戻しを果たし、観光の拠点として経営を立て直しました。

これまで東洋町ではほとんどなかった失業対策事業も私の町政として取り上げ、三年間で三億円という相当大きな事業を導入しました。五〇人程度の職員しかいない町役場で職員数に匹敵するほどの失業者の世話をしたのですから、担当の職員も大変だったと思います。

医療と介護でも無料化の方向を探っていました。私が町長に就任したころ、町の高齢者福祉や教育はみじめなものでした。東洋町の役場の裏には、六億円で建てられた地域福祉センターがありましたが、そこでは何の事業もしておらず、建物の中はがらんどう。東洋町のお年寄りは、隣町の徳島県海陽町の福祉施設へ預けられていました。

議会の記録や文書を読み調べてみると、東洋町の福祉は隣の海陽町に任せる方針になっていたことがわかりました。前町長は、東洋町で自前の福祉事業を進めるのは非効率で損だと考えており、「福祉は全廃する」とも言っていました。

そこで、東洋町では、自前の福祉の立て直しにかかりました。通常の保険を使ったサービスのほかに、町が直接ヘルパーを雇用して無料で高齢者のお世話をするほか、高齢者への配食サービス無料、デイサービス利用料無料、在宅で介護をしてくれている町民へ介護手当を月額三万円助成、八五歳以上の医療費の無料、七五歳以上への米の配給をはじめました。

福祉が充実すれば、外から東洋町へ移ってくる人も増えると考えました。

義務教育費の無償化などの福祉事業もはじめました。

毎年海水浴客が多くなる夏には、クラブ活動の母親たちが県の駐車場の入り口を囲み場内に入って来る観光客から駐車代金を徴収していましたが、それは部活の遠征費を稼ぐ窮余の一策だったようです。私はこのような不正常な資金集めをやめさせ、遠征費を正規の教育予算に計上しました。

小中学校の校長先生を集めて、とにかく義務教育は無償というのが憲法にあるから、生徒や保護者に学校の費用を請求しないように、請求は町の方にして下さい、と再三訴え、ノートや鉛筆にいたるまでその予算を計上しました。

「そんな事をしたら親のありがたみがなくなる」と反対する議員もいましたが、憲法の規定を実行することは、行政の義務であり、町の財政上でもそれほど負担になる額ではありません。

町の職員はさまざまな手当てをカットされていましたが、私はそれらも解除しました。誰の懐も痛めずに福祉の充実は実現できたのです。ただし、副町長は廃止し町長と教育長二人の特別職の報酬は四年間二〇パーセントのカットをしました。

私は在任中、さまざまな福祉や教育の事業を進めましたが、町の借金は減額されました。五〇億円近くあった借金（地方債）のうち約一〇億円を減少し、しかも、基金（積立金）は六千万円（約一〇％）増加できました。

◆町長選敗北後、福祉重視政策が解消される

私は町民に向けて町政での主な争点を知らせるために、タブロイド版の町長新聞を発行していました。在任中たくさんの事業をやりましたが、町民がそれをどういうふうに受け止めていたのかはわかりません。

町長が変わっても町の福祉事業はそのまま進められるだろうと町民は考えていたのでしょう。しかし、私が進めた福祉や教育の事業は、大半が解消又は縮小させられました。お年寄りのデイサービス無料↓一回五〇〇円の有料、週二回の配食サービス無料↓一食有料四〇〇円、八五歳以上の高齢者医療費無料↓廃止、七五歳以上の方へ毎月米の無料配給↓廃止、小中学校修学旅行費補助五万円↓廃止、小中給食費無料↓四割負担、高校生通学手当五千円↓廃止、高校生へ米一〇kg毎月無料配給↓廃止、小中生徒学級費・PTA会費無料↓廃止、小中文房具無料支給↓廃止、保育園児通園手当四千円の商品券支給↓廃止、保育園児へ月々米五kg支給↓廃止、暮らしの資金貸付事業↓廃止、子宝給付金↓廃止、自動車運転免許講習費一〇万円支給↓五万円に縮小……。

残ったのは在宅重度ケアを受けているお年寄りへの月三万円の支給とか、小中生以下の子どもの医療費無料、野根地区の福祉バスの無料など、ごくわずかです。

手に技能をつけたり資格をとるためのヘルパーの資格取得の研修や小型船舶免許講習、チェーンソー、草刈り機、バックホー等の講習費の補助金事業はほとんど実施されなくなりました。

何よりも失業対策事業という科目が予算書から消えてしまったことは最も悲しむべきことです。一〇〇〇分の六〇を超える生活保護の受給率では、おそらく日本一高いと考えられる東洋町では、雇用対策が最も大事な行政課題のはずです。

タンカー等の座礁による油の汚染に備えるために、雑巾を備蓄するということで副業を構えていた貧しい主婦やお年寄りがその内職を頼みにして励んでいましたが、そのための年間一〇〇万円ほどの予算もあえなく廃止されました。

あれほど人気があった温浴施設も、私の退任後は営業停止となりました。私は国の失業対策事業として、国からの交付金を利用して運営していました。温浴施設の運営は、福祉事業や観光事業という位置づけですから、これで儲けなくてもいいと思うのですが、退任の翌年、国からの失業対策事業の交付金がストップして、営業も停止してしまいました。(二〇一三年五月に再開しましたが五〇〇円の入浴料をとり、薪で焚くボイラーはやめて、もっぱら重油焚きです。)

◆貧しい人、恵まれない人のための政治を

部落解放運動をやってきたことが、私の根底には大きくあります。東洋町の人たちは大概が決して豊かとはいえない人たちです。貧しい人や恵まれない人、同和地区の人をなんとか浮かび上がらせていかないと、町全体がよくはなりません。

本当の意味の財政改革とは、単に数値上借金が減ったとか、資産が増えたということ

だけではなく、予算の組み立てを住民福祉を中心に据えることであると思います。

限られた財源で、どこに優先度をつけるかを考え、まずは住民のため、お年寄りのため、子どものため、福祉や教育、雇用対策のために必要な分を確保し、あとは残りでなんとかやりくりをしていく、という考えで私は町政を担っていました。

私が町長在任中、町議会の常任委員会で当初予算案を審議していたとき、良識のある議員が審議の最後に立ちあがり、予算案をほめあげた後「この予算案は素晴らしい、しかし、余りにも素晴らしいので私たちは賛成できない」といって修正を迫りました。また別の議員は、本会議で「次から次へ新しい事業をやるから、私たちはついていけない」と私を非難しました。たしかに、私は短い期間にあまりにも急速にたくさんの事業を展開したので議員や住民に施策の理解を徹底させることができず、「独断専行」、「ばらまき」だと批判されざるを得ない面があったことは否めないと反省しています。二〇一一年四月の選挙で敗れたのは、過ぎたるは及ばざるがごとし、という格言のとおりだったかもしれません。

しかし、少なくとも、東洋町では一時期、都心から遠く離れた小さな町とはいえ、原発マネーを拒否しても、福祉や教育を充実させることはできたのです。

◆民主主義の行使を

原発は、人類の生存（絶滅）の問題です。いま即座にすべての原発をやめても遅いぐらいです。すでにある使用済み核廃棄物の量は膨大で、これをどう処理するのかという問題だけでも絶望的なほどの大問題なのです。

しかし、政権与党の政治家たちは、原子力というものの恐ろしさがわからず、否、わからないはずはないのですがそれを敢えて無視し、原子力産業におもねり、権力争奪の道具としてしか認識していません。

選挙だけでなく、住民投票、デモや集会、行政への陳情や請願、行政への抗議、政治家に対する批判、住民訴訟などは、世の中を変革する力になります。住民訴訟はただ一人でもできます。直接行動は民主主義の根幹です。

行政の不正を監視し、情報公開を求め、腐敗を追及する市民オンブズマン活動のような「直接請求行動」は、選挙と同じぐらい重要な政治分野であるという認識が、今後、ますます必要となってくるのではないでしょうか。

私は学生時代、確か京都大学へ湯川秀樹博士の講演を聞きに行き、終わった後のシンポジウムに参加しました。その時ある学生が、「原爆と原発の違いは何か」という質問をしました。博士はその質問に即座に「原爆と原発は同じで、人類の脅威だ」と答えられました。

一九五四年当時、ビキニでのアメリカの核実験で死の灰が降り注ぎ大騒ぎになっていました。原子力の問題に最大限の危機感と責任感を持っておられた湯川博士は、その著作で次のように書いておられました。

「原子力の問題は人類全体の問題である。しかもそれは人類の頭脳に貯えられた科学知識に端を発するものである。この問題の根本的解決もまた、おそらく人間の心の中からはじまらねばならないであろう。それは人類の進化の途上において、その運命を決定する新しい問題として現われてきたことの認識から始まらねばならない。原子力の脅威から人類が自己を守るという目的は、他のどの目的よりも上位におかれるべきではなかろうか。」（湯川秀樹『創造への飛躍』〈思想との対話9〉、講談社、一九六九年）

脱原発《だつげんぱつ》で住《す》みたいまちをつくる宣言《せんげん》　首長篇《しゅちょうへん》

2013年 7 月10日　初版第一刷

著　者　井戸川克隆，村上達也，桜井勝延，根本良一，
笹口孝明，保坂展人，上原公子，西原茂樹，
三上 元，曽我逸郎，澤山保太郎

発行所　株式会社　影書房

発行者　松本昌次

〒114-0015 東京都北区中里３－４－５
ヒルサイドハウス101
電　話　03（5907）6755
ＦＡＸ　03（5907）6756
E-mail＝kageshobo@ac.auone-net.jp
ＵＲＬ＝http://www.kageshobo.co.jp/
〒振替　00170－4－85078

本文印刷＝スキルプリネット
装本印刷＝アンディー
製本＝協栄製本

定価 1,800円＋税

ISBN978-4-87714-436-4

松下竜一 著

暗闇の思想を／明神の小さな海岸にて

四六判並製　４１３頁　２４００円＋税

「まず、電力がとめどなく必要なのだという現代神話から打ち破らねばならぬ。」

70年代、静かな町に降りかかった火力発電所建設計画。国や電力会社の「電力中心主義」に徒手空拳で挑んだ心やさしき市民たちを記録した心揺さぶるルポ。四十年の時を超えて輝きを放つ「暗闇の思想」とは。

解説＝鎌田慧「経済より人間が大事だ！宣言」

ISBN978-4-87714-427-2

小坂正則 著

市民電力会社をつくろう！

自然エネルギーで地域の自立と再生を

四六判並製　１９８頁　１５００円＋税

作家・松下竜一氏に学び、仲間たちと九州・大分の地で反原発運動に取り組みながら、九州初の自然エネルギー推進ＮＰＯを設立、太陽光発電やバイオマス利用など、地域密着型の自然エネルギー普及に力を注いできた著者が、「市民の市民による市民のための電力会社」設立へ向けた熱い思いとユニークな実践を綴る、アイデア満載の書。

ISBN978-4-87714-425-8

菊川慶子著

六ヶ所村 ふるさとを吹く風

四六判並製 243頁 1700円＋税

海や空に大量の放射能をばらまく「核燃再処理工場」はなぜ必要なのか？「普通の主婦」だった著者は、チェルノブイリの衝撃から学び始め、「故郷を放射能で汚されたくない」との思いから郷里へUターン。以来国策と対峙して20年。自然農園を開き、無農薬チューリップを育て、「核燃に頼らない村づくり」にチャレンジする著者の奮闘記。

ISBN978-4-87714-409-8

肥田舜太郎著

[増補新版] 広島の消えた日 被爆軍医の証言

四六判上製 218頁 1700円＋税

広島の元軍医が、原爆被爆前後の状況を克明に綴った第一級の証言手記。放射能の真の恐ろしさとは何か。戦後も六千名を超える被爆者の診療に携り、内部被曝の脅威を目の当たりにしてきた著者の知見に基づく新稿「被爆者たちの戦後」を増補。病気や差別・貧困に苦しむ被爆者たちの姿、核廃絶へむけた自らの歩みを綴る。

ISBN978-4-87714-403-6

鎌仲ひとみ 著＋対談：ノーマ・フィールド

六ヶ所村ラプソディー

ドキュメンタリー現在進行形

四六判並製　１８４頁　１５００円＋税

六ヶ所村の使用済み核燃料再処理工場の建設・稼動を問う動きに新風を吹き込んだ映画『六ヶ所村ラプソディー』。反対・推進両者への取材を通して、原子力政策の根源的な問題点を改めて浮き彫りにした映画はどのように制作されたのか。ノーマ・フィールド氏（シカゴ大学）との刺激的な対談、動きはじめた四人の市民によるコラムも収録。

ISBN978-4-87714-389-3

核開発に反対する会 編

隠して核武装する日本

四六判並製　１９０頁　１５００円＋税

●核武装推進・容認の国会議員リスト収録！

執筆者：槌田敦、藤田祐幸、井上澄夫、山崎久隆、中嶌哲演、望月彰、渡辺寿子、原田裕史、柳田真

小出裕章氏推薦＝「核と原子力は違うもの？　騙し続けた国と騙し続けられた国民。いつの間にか日本は巨大な核保有国になった！」――なぜ破綻が明らかな日本の原子力政策は止まらないのか？　核密約を含む戦後の核開発裏面史、「もんじゅ」が生み出す超兵器級プルトニウムの問題等、史資料に基づき歴史的・実証的に検証する。

ISBN978-4-87714-376-3